2ème Volume

ESSAI

DE

CLASSIFICATION

DES LÉPIDOPTÈRES

PRODUCTEURS DE SOIE

PAR

M. L. SONTHONNAX

DEUXIÈME FASCICULE

Extrait du *Compte rendu des Travaux du Laboratoire d'Études de la Soie*
— *1897-1898* —

LYON
A. REY ET Cie, IMPRIMEURS-ÉDITEURS
4, RUE GENTIL, 4
1899

ESSAI

DE

CLASSIFICATION

DES LÉPIDOPTÈRES

PRODUCTEURS DE SOIE

NOTA. — Des tirages à part du 1er fascicule, contenant 23 planches coloriées à la main, sont remis sur demande, au prix de *25 francs* le volume.

Pour le 2e fascicule, le prix du volume contenant 32 planches coloriées est de *35 francs*.

S'adresser au *Laboratoire d'Études de la Soie. Condition des Soies de Lyon.*

ESSAI

DE

CLASSIFICATION

DES LÉPIDOPTÈRES

PRODUCTEURS DE SOIE

PAR

M. L. SONTHONNAX

DEUXIÈME FASCICULE

Extrait du *Compte rendu des Travaux du Laboratoire d'Études de la Soie*

— 1897-1898 —

LYON

A. REY ET Cie, IMPRIMEURS-ÉDITEURS

4, RUE GENTIL, 4

—

1899

ESSAI DE CLASSIFICATION

DES

LÉPIDOPTÈRES PRODUCTEURS DE SOIE

NOTE RELATIVE AU PREMIER FASCICULE

Depuis la publication du premier fascicule de ce travail, traitant des Attaciens, un certain nombre d'espèces nouvelles, appartenant à ce groupe, ont été décrites, il est à prévoir qu'il en sera de même pour les autres groupes en cours de publication; nous nous efforcerons de reproduire ces descriptions au fur et à mesure de leur apparition. Dans le cas où cela nous serait impossible, nous compléterons notre volume par un fascicule additionnel, dans lequel nous donnerons les descriptions et les dessins de ces espèces.

D'autre part, pour certaines espèces présentant suivant les sexes des différences notables, soit dans la forme, soit dans la coloration, il y aura lieu de compléter notre atlas de planches en figurant les sexes qui n'auraient pas été représentés.

Dès aujourd'hui, nous faisons une addition au premier fascicule; il s'agit du genre *Coscinocera*, que nous avons omis dans notre groupe des Attaciens. Sur la foi d'un renseignement erroné, ce genre intermédiaire entre les Attaciens et les Actiens devait rentrer dans ce dernier groupe; mais un examen plus attentif nous a permis de voir que, par la cellule centrale des ailes ouvertes, ce genre devait appartenir aux Attaciens.

Nous en faisons donc notre sixième genre de ce groupe.

6e Genre. — Coscinocera.

Butler, *Proceed. Zool. Soc. London*, p. 163, 1879.

Ce genre ne comprend qu'une seule espèce propre à la Nouvelle-Guinée et au Queensland. Allié aux grands Attacus asiatiques par la couleur rouge sombre et par les taches hyalines des ailes triangulaires et larges, il se rapproche aussi des Actias par les prolongements que l'on remarque sur leurs ailes inférieures.

Coscinocera Hercules, Miskin, *Trans. Ent. Soc. London*, p.p. 7 à 9, 1876.

Attacus Hercules, Oberthür, *Etudes d'entom.*, XIX, p. 24, pl. 1, 1894.
Coscinocera Omphale, Butl., *Proc. Zool. Soc. Lond.*, 1879, p. 163.

Envergure : mâle 22 centimètres, femelle, 26 centimètres.

Patrie, Nouvelle-Guinée et nord de l'Australie.

Mâle. Antennes longues et larges, de couleur fauve. Couleur foncière brun rouge ferrugineux. Ailes supérieures : rayure interne brisée vers la nervure médiane, de couleur brun ferrugineux clair ; rayure externe de même couleur, presque droite, légèrement incurvée vers la côte, lisérée de brun noir à son côté interne, tache triangulaire hyaline, liserée d'une fine ligne blanche, encadrée dans un triangle irrégulier de couleur jaune d'ocre foncé bordé de noir ; la zone externe présente dans sa portion apicale un espace blanc, teinté de rose violacé et de rouge carmin dans son milieu, cet espace clair se fond insensiblement avec le brun ferrugineux de l'aile ; marge bordée de couleur jaune olivâtre. Les ailes inférieures offrent la tache hyaline plus petite, ces ailes se prolongent en une longue queue recourbée extérieurement à son extrémité avec une saillie anguleuse à son côté interne, l'élargissement terminal est bordé de jaune olivâtre avec une ligne en zigzag de squamules blanches. Les deux premiers anneaux de l'abdomen, ainsi que les deux derniers, sont annelés de blanc. En dessous des ailes, l'ornementation est la même, mais la coloration générale est d'un brun plus clair, légèrement teinté de rose et les rayures internes ne sont pas visibles.

ATTACIENS

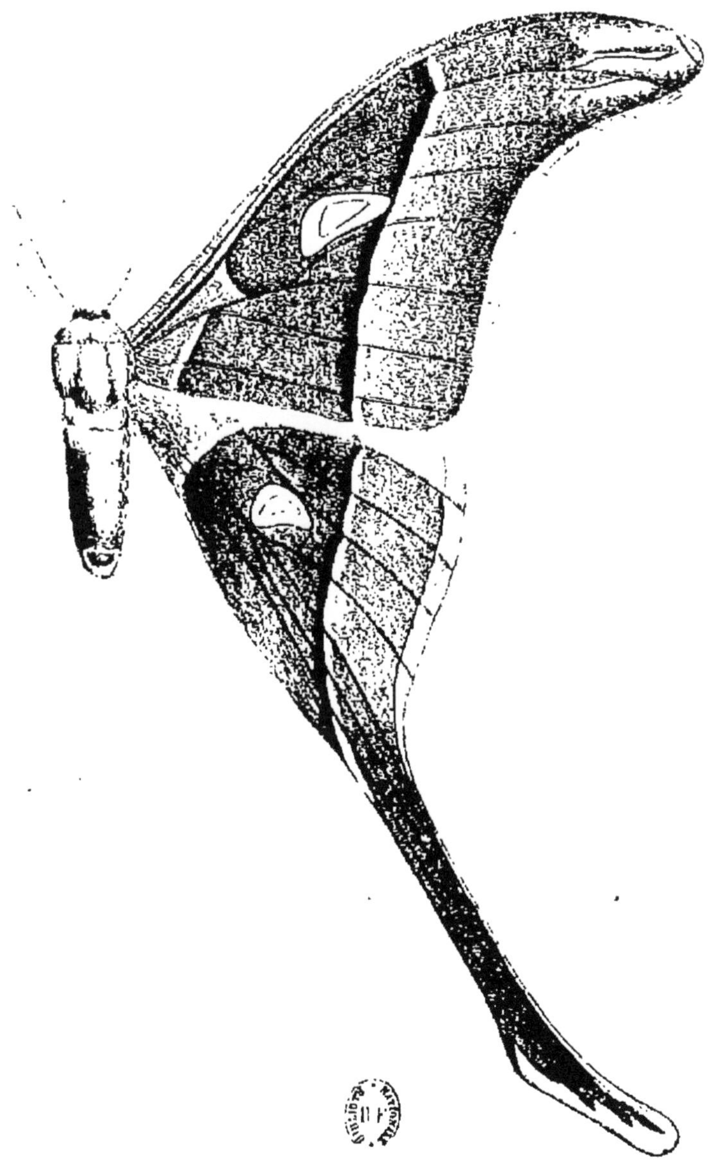

Coscinocera Hercules, Miskin, mâle.

ATTACIENS

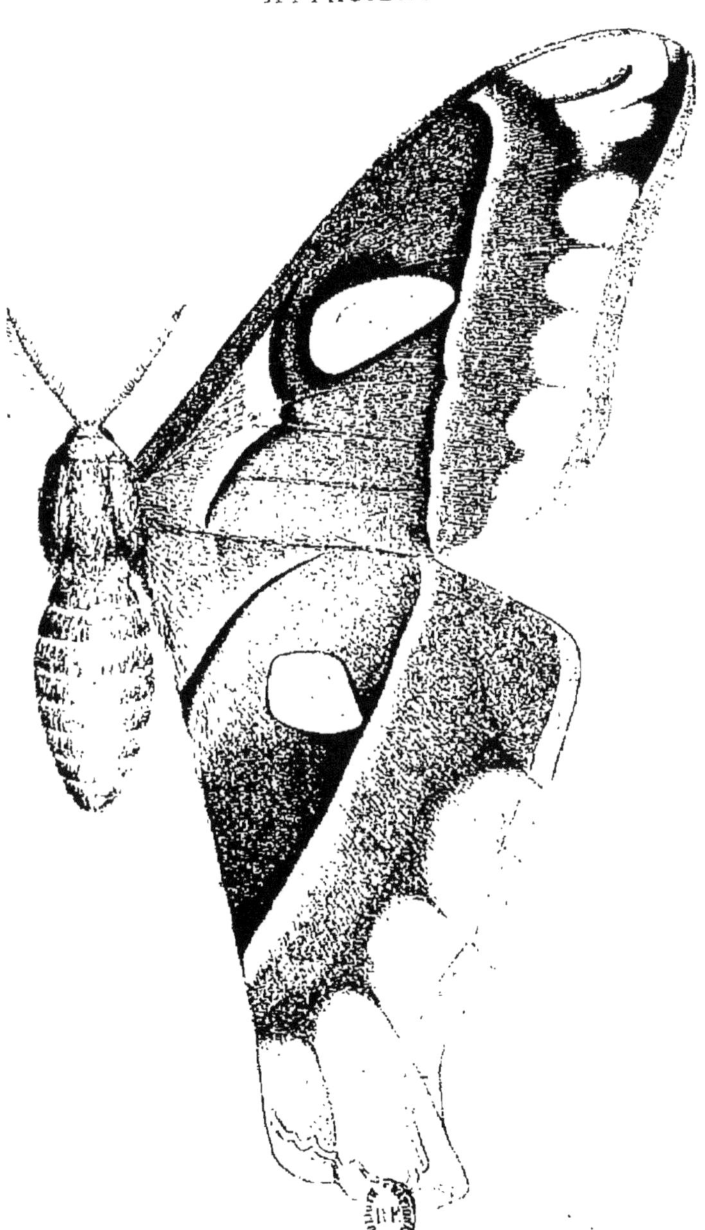

Coscinocera Hercules, Miskin, femelle

Femelle. Ce superbe insecte a les ailes inférieures sans prolongement caudal, mais ces dernières sont allongées et élargies à leur extrémité, de façon à former une saillie latérale anguleuse sur leur pourtour.

La coloration générale est le brun ferrugineux, variant du clair au foncé et au brun pourpré, zone interne comme dans le mâle ; médiane avec tache vitrée plus grande ; externe parsemée de squamules blanches dans sa moitié contiguë à la rayure, formant un espace dentelé blanc rosé, l'autre moitié contiguë à la marge est d'un brun jaune vif, vers l'apex la portion supérieure de cette zone est fortement chargée de squamules blanc rosé, rayée par des ombres d'un rouge pourpre. Sur les ailes inférieures, la zone médiane est d'un brun violacé pourpré, surtout dans le voisinage du bord anal et de la rayure externe ; la marge est d'un jaune olivâtre. Parallèlement et près de la marge se remarque une ligne en zigzag de squamules blanches, la pectination des antennes est double et égale.

Cette espèce est très rare, nous avons vu les deux sexes dans la collection de M. Oberthür, un spécimen mâle au *Natural history Museum* de Londres et plusieurs spécimens au Muséum de Berlin.

Le cocon ne nous est pas connu.

M. Butler a décrit, sous le nom de *Coscinocera Omphale*, une variété dont l'espace apical est moins fortement chargé de blanchâtre, la base des ailes inférieures plus blanche, le corps testacé avec quelques touffes de poils blancs, diffère de *C. Hercules*, type, par la rayure externe plus rouge et non bordée de noir.

TABLEAU SYNOPTIQUE DES SOUS-ORDRES ET TRIBUS des Lépidoptères.

Lépidoptères.

- Antennes terminées en massue. — **RHOPALOCÈRES**
- Antennes non terminées en massue. — **HÉTÉROCÈRES**
  - Antennes fusiformes ou prismatiques. Ailes inférieures munies de frein. Trompe longue. — **Sphingines.**
  - Antennes pectinées, pas de frein ni de trompe. — **Bombycines.**
  - Antennes généralement filiformes, frein aux ailes inférieures. Une trompe. Corps épais. Ornementation des ailes supérieures différant beaucoup de celle des inférieures. — **Noctuelines.**
  - Antennes de formes variables, un frein aux ailes inférieures. Corps grêle. Une trompe. Ornementation des ailes supérieures généralement la même que sur les inférieures. — **Géométrines.**
  - Papillons très petits. Antennes généralement filiformes, palpes très développées de 4 ou 5 articles. — **Microlépidoptères**

TRIBU DES BOMBYCINES

Tableau synoptique des familles.

Bombycines.	Nervure 5 atteignant la cellule médiane à son angle supérieur. 10 nervures aux ailes supérieures.	*Saturnidae.*
	Nervure 5 atteignant la cellule médiane vers le milieu de la nervure intercostale. 12 nervures aux ailes supérieures.	*Bombycidae.*
	Nervure 5 atteignant la cellule médiane à son angle inférieur. 12 nervures.	*Lasiocampidae*

FAMILLE DES SATURNIDAE

Tableau synoptique des groupes.

Saturnidae.	Cellule médiane des ailes ouverte, pas de nervure intercostale.		*Attaciens.*
	Cellule médiane des ailes fermée par la nervure intercostale.	Ailes inférieures prolongées en forme de queue, celle-ci soutenue par la nervure anale et les ramifications de la médiane.	*Actiens.*
		Ailes sans prolongements ou ceux-ci non soutenus par la nervure anale.	*Saturniens proprement dits.*

GROUPE DES ATTACIENS

Tableau synoptique des genres et des espèces.

ATTACIENS

- Couleur dominante : brun olivâtre ou violacé.
  - Ailes supérieures des mâles arrondies, peu falquées.
    - Taches des ailes squameuses, réniformes ou en ligne brisée.
      - Dessus du corselet et de l'abdomen unicolore. — **Callosamia**
        - *Promethea*, Drury.
        - *Angulifera*, Walk.
        - *Securifera*, M. et W.
        - *Calleta*, Westw.
      - Dessus du corselet et anneaux de l'abdomen lisérés de blanc. — **Samia**
        - *Cecropia*, Lin.
        - *Gloveri*, Streck.
        - *Columbia*, Smith.
        - *Californica*, Grote.
    - Taches diaphanes ovalaires. — **Epiphora**
      - *Mythimnia*, Westw.
      - *Bauhiniae*, Guer.
      - *Antinori*, Oberth.
  - Ailes supérieures des mâles très falquées, taches vitrées, arquées ou en demi-cercle. — **Philosamia**
    - *Cynthia*, Drury.
    - *Ricini*, Boisd.
    - *Vacuna*, Westw.
    - *Ploetzi*, Plötz.
- Couleur dominante : rouge brique ou rouge brun, taches vitrées triangulaires ou ovalaires.
  - Ailes inférieures sans prolongements. — **Attacus**
    - *Crameri*, Feld.
    - *Imperator*, Kirby.
    - *Dohertyi*, W. Rothsch.
    - *Staudingeri*, —
    - *Edwardsii*, White.
    - *Atlas*, Lin.
    - *Cæsar*, M. et W.
    - *Hesperus*, Lin.
    - *Betis*, Walk.
    - *Orizaba*, Westw.
    - *Aricia*, Walk.
    - *Arethusa*, —
    - *Bolivari*, M. et W.
    - *Lebeaui*, Guer.
    - *Jorulla*, Westw.
    - *Jorulloides*, Dognin.
    - *Maurus*, Burmeist.
    - *Zacateca*, Westw.
    - *Erycina*, Shaw.
    - *Satyrus*, Feld.
    - *Hopfferi*, —
    - *Jacobaeae*, Walk.
    - *Belus*, M. et W.
  - Ailes inférieures avec prolongements. — **Coscinocera**
    - *Hercules*, Miskin.

Deuxième Groupe. — ACTIENS

Les papillons de ce groupe se distinguent à première vue des autres. Saturnides par les longs prolongements des ailes inférieures, au moins chez les mâles, car dans certains genres ces prolongements ne sont que faiblement indiqués chez les femelles ; dans ce dernier cas, l'aile s'élargit en formant un angle saillant.

Ces prolongements sont soutenus dans toute leur longueur par la nervure anale et les ramifications de la médiane; ils sont terminés en pointe ou en spatule, d'autrefois élargis et contournés à leur extrémité à la façon d'une vrille.

Les antennes sont bipectinées dans les deux sexes, sauf dans le genre *Eudaemonia*, de moins de 40 articles, toujours à barbules longues et bien plumeuses chez les mâles, glabres et généralement à dents un peu renflées à leur extrémité chez les femelles. Tandis que dans le groupe des Attaciens la cellule médiane des ailes est ouverte par l'absence de la nervule intercostale, ce groupe, ainsi que les suivants, possèdent tous cette cellule fermée par cette nervule qui est présente.

Les nervures 5 et 6 sont unies à leur base par un angle aigu, sauf dans le genre Copiopteryx, chez qui elles sont réunies à angle droit ; enfin, la nervure 9 est émise près de l'apex ou au moins au delà du milieu de l'aile.

Ce sont des papillons aux couleurs vives et claires, dont les chenilles tissent des cocons peu riches en soie, quelques espèces même se transforment simplement dans le terreau ou dans la mousse au pied des arbres sans filer de coque soyeuse protectrice.

Représenté dans le monde entier, ce groupe ne possède en Europe qu'une seule espèce rare et propre à l'Espagne.

Nous avons dû éloigner de ce groupe les genres *Eudelia*, *Cercophana*, *Urota* et *Dysdœmonia* qui, bien qu'ayant les ailes postérieures munies de prolongements, s'écartent de notre groupement par le nombre des articles des antennes, par l'absence de la nervure anale dans les prolongements et enfin par la soudure des nervures 5 et 6, qui se fait à angle droit au lieu de l'être à angle aigu comme chez la plupart des espèces de notre groupe.

Ils se subdivisent en 6 genres.

A. Corps épais et velu.
B. Taches centrales des ailes arrondies ou lenticulaires.
C. Antennes à barbules doubles égales sur le même article chez les femelles 1° ARGEMA.
C,C. Antennes à barbules doubles, inégales chez les femelles.
D. Taches des ailes antérieures, soudées à la côte.
2° TROPÆA.
D,D. Taches des ailes antérieures non soudées à la côte.
E. Ailes antérieures, bien falquées, pointues chez le mâle, moins chez la femelle.
3° ACTIAS.
E,E. Ailes antérieures à peine falquées chez le mâle, convexes chez la femelle.
4° GRAELLSIA.
B,B. Taches centrales des ailes anguleuses ou irrégulières. 5° COPIOPTERYX.
A,A. Corps grêle. 6° EUDÆMONIA.

1er GENRE. — **Argema**.

WALLENGREN, *Aefv. Akad. Forh.* XV, p. 140, 1858.

Papillons aux couleurs claires : vertes ou jaunes, distincts de ceux du genre suivant par les prolongements des ailes inférieurs très longs, élargis ou plissés à leur extrémité chez les mâles, plus larges avec extrémité élargie plissée et souvent contournée chez les femelles.

La pectination des antennes chez les femelles est double et les dents sont sensiblement égales et ciliées sur le même article, tandis que dans les autres genres la pectination est très visiblement inégale et les dents sont presque glabres.

ACTIENS

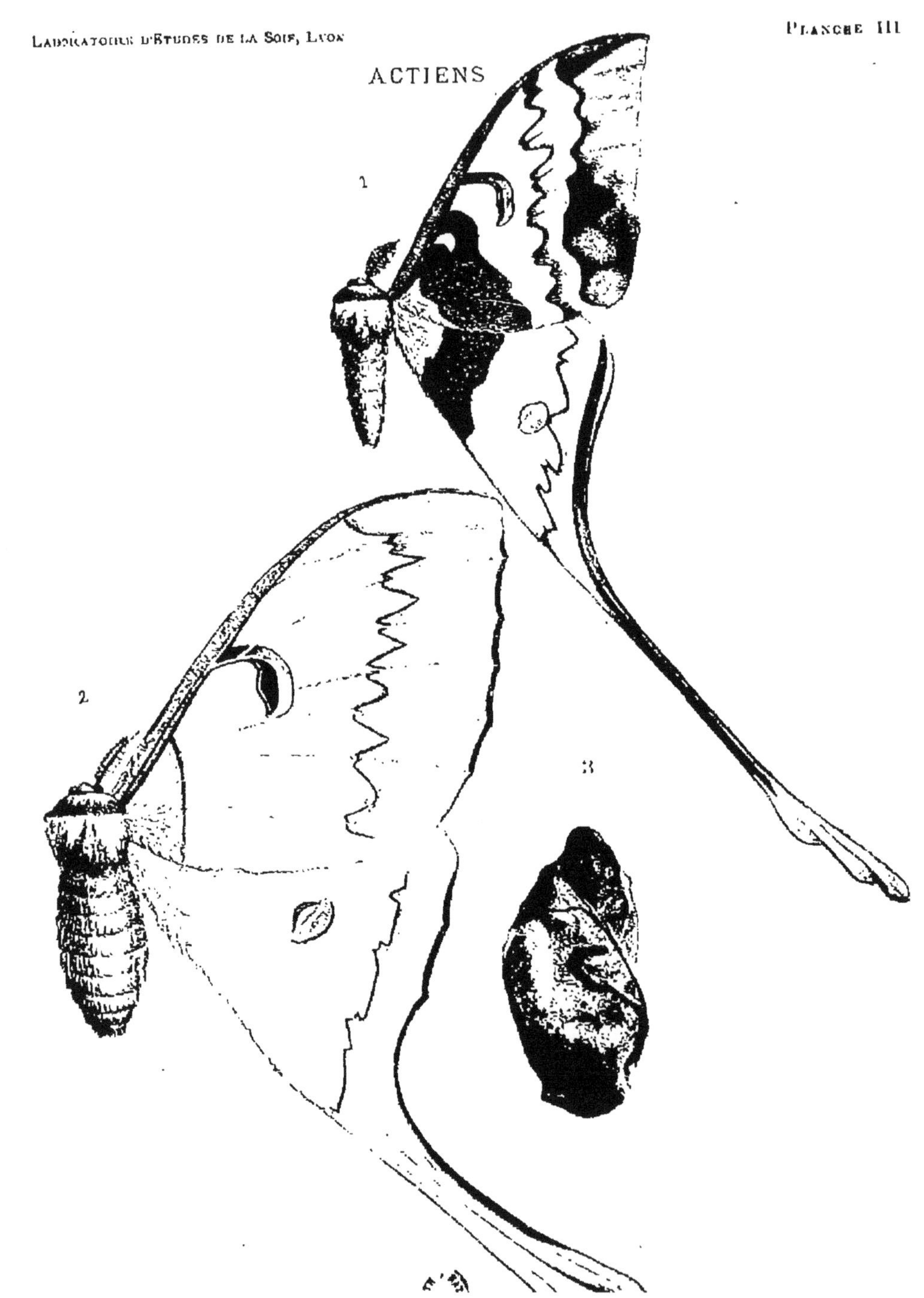

Cette similitude dans la forme des antennes et la dissemblance de forme et de coloration que l'on remarque dans les deux sexes de ces insectes ont été la cause de nominations différentes faites par les premiers descripteurs, selon qu'ils avaient affaire à des papillons de l'un ou de l'autre sexe.

1. **Argema Maenas**, DOUBLEDAY *(Actias M.), Ann. Nat. Hist.*, p. 95, pl. 7, 1847.

Actias Maenas, Maass et Weym, *Beitr. Schmett.*, fig. 25, 26.
— **Leto** — Wern — — fig. 106, 107.
— **Diana** — Weym, — — fig. 12.
Argema Isis — in. litt.
Saturnia Leto, Doubleday, *Proc. Zool. Soc. Lond.*. pl. 15, 1848.
Argema ignescens, Moore, *Proc. Zool. Soc. Lond.*, p. 602, 1877.
Tropaea Rosenbergii, Kaup., Leipsig, 1895.

Envergure, mâle 14 à 16 centimètres; femelle 17 à 19 centimètres.

Patrie, Indes Orientales.

Mâle : Longueur de la queue de la base de l'aile à son extrémité 13 à 14 centimètres ; palpes très visibles, jaune rougeâtre; antennes larges et courtes. La couleur des ailes est le jaune de chrome un peu verdâtre, surtout sur la zone médiane, d'un jaune plus vif et plus orangé sur les autres zones ; la zone interne présente à sa base quelques poils d'un brun rouge vif; rayure interne, très large, d'un brun rouge à reflets rosés, un point jaune dans son milieu, tangent à la côte antérieure de l'aile ; cette côte est d'un brun jaunâtre clair depuis la base jusqu'aux deux tiers de sa longueur, au delà sa couleur se confond avec celle de l'aile ; la tache ocellée se trouve reliée à la côte par une bande étroite de squamules brunes et l'ensemble à la forme d'un croissant; au centre de la partie arquée existe une fine ligne transparente, entourée à son côté externe d'un arc orangé rouge liséré de brun et à son côté interne d'un arc noir plus petit liséré de squamules blanc bleuâtre; deux lignes festonnées de couleur brun rouge forment la rayure externe; toutes deux, minces au milieu de l'aile, s'élargissent aux approches de la côte antérieure ainsi que vers le bord inférieur de l'aile, l'externe de ces lignes envahit de sa couleur rouge la zone externe supérieurement et inférieurement presque jusqu'à la marge, on remarque au milieu de cette surface rouge une poussière d'un rose lilas. Sur les ailes inférieures, la tache transparente est presque imperceptible ; elle se trouve au centre d'un cercle de couleur orangé vif dont le bord interne est noir arqué de squamules bleuâtres, le bord marginal des ailes est liséré de rouge violacé et le prolongement caudal, très mince, est complètement de cette couleur jusqu'à la naissance de l'élargissement terminal qui est jaune vif.

Femelles : Antennes de la longueur de celles du mâle, mais un peu moins larges. Côte antérieure des ailes d'un brun violet plus clair à son côté externe. Couleur générale jaune de chrome vif plus verdâtre que chez le mâle ; rayure externe à peine visible, festonnée ; l'interne étroite. réduite à une simple ligne brune légèrement arquée ; bordure de la marge étroite, d'un brun rougeâtre ; le jaune de la tache arquée de l'aile est moins vif que dans l'autre sexe. Sur les ailes inférieures, le prolongement est aussi beaucoup plus large, son côté externe seul est bordé de rouge, l'extrémité est large, arrondie, lobée et plissée.

Cette belle espèce est trop rare pour que son cocon soit de quelque utilité, il serait dans tous les cas rebelle à la filature directe, car il présente, irrégulièrement disséminées sur sa surface, de petites ouvertures destinées sans doute à son aération interne, il est d'un gris roussâtre clair et mesure 5 à 5 1/2 sur 2 1/2.

Sous le nom d'*Argema ignescens*, M. Moore a décrit un papillon que nous considérons comme une variété de cette espèce ; nous la figurons dans notre planche IV d'après le spécimen du *Natural History Museum* de Londres ; elle se distingue du type par la couleur brun rougeâtre qui domine sur les ailes, par des taches ocellées un peu plus grandes, par la zone interne des ailes inférieures plus teintée de rouge vif. Cette variété provient de l'île des Andamans.

Argema Isis de Maassen nous paraît être aussi une variété de la même espèce chez qui la couleur brun rouge serait encore plus en excès, de façon à envahir la presque totalité des ailes. Le type qui existe dans la collection de M. Staudinger, ne présente de couleur jaune que sur la zone interne, une petite tache jaune au-dessus de l'ocelle et deux ou trois plus petites au-dessous ; cette couleur reparaît sur les limites de la ligne en festons de la rayure externe et un peu vers l'apex.

Nous avons vu dans la même collection une femelle de cette espèce présentant aussi cette couleur brun rouge en excès ; la rayure externe est très accentuée et formée de deux lignes en festons dont l'externe s'étend en une large surface festonnée sur la zone externe ; la queue est

ACTIENS

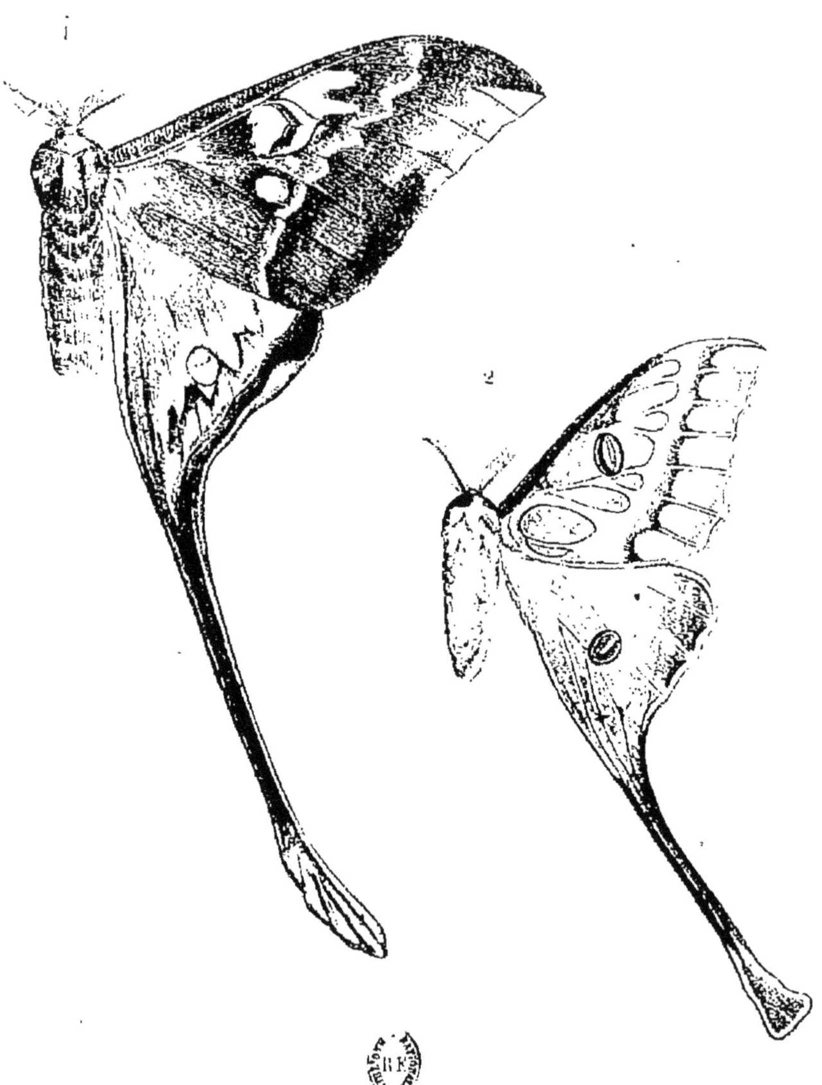

Fig. 1. *Argema Maenas* v[te] *ignescens*, Moore, mâle.
— 2. — *Besanti*, Rebel, femelle.

ACTIENS

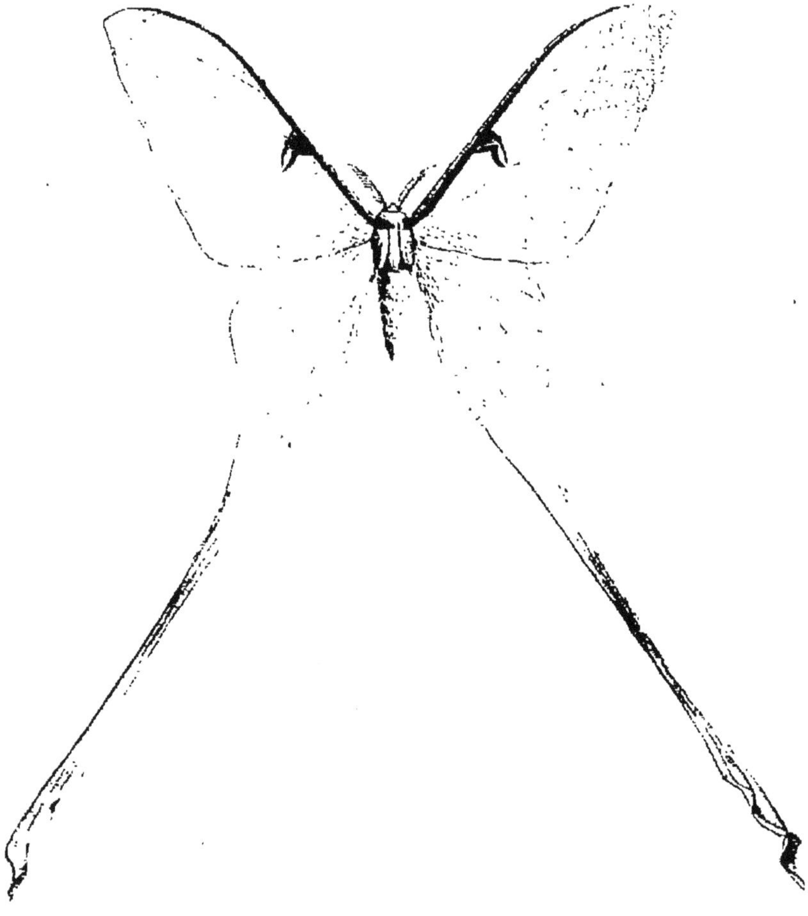

Argema Dubernardi, Oberthür, mâle.

d'un brun rouge dans toute la portion comprise entre son extrémité et l'aile.

Tropaea Rosenbergii de Kaup, dont le type existe au Musée de Darmstadt, n'est autre qu'*Argema Maenas*, femelle; la photographie de cet insecte que l'auteur joint à sa description ne représente nullement l'original que nous avons vu ; les bandes transverses que l'on remarque sur la photographie sont le fait de bandelettes de papier collées au-dessous des ailes déchirées de ce spécimen épilé.

2. **Argema Dubernardi**, Oberthür, *Bull. Soc. Ent. France*, p. 130, 1897, fig. 1.

Envergure : mâle 12 centimètres.

Patrie, Tsekou (Nord du Yun-nan).

Nous donnons la description de cette espèce d'après l'auteur.

Mâle : Ailes étroites, la taille, depuis l'apex des ailes supérieures jusqu'à l'extrémité de la queue, est égale à celle des individus ordinaires de *Mimosae*.

Le fond des ailes en dessus est d'un vert jaunâtre avec tout le bord extérieur lavé de rose. Les queues sont fines, longues, terminées en spatule et conformées comme chez *Leto;* elles sont entièrement roses, sauf à l'extrémité qui est jaune verdâtre.

La côte des ailes supérieures est d'un brun rosé se fondant en rose pâle vers le bord extérieur; le collier est teinté comme la côte : les antennes sont pectinées comme chez *Leto*. La tache ordinaire des ailes supérieures forme un croissant d'un brun carminé foncé, surmonté d'une sorte de sourcil moins épais et plus clair. La couleur rose qui orne si délicatement tout le bord extérieur des ailes est séparée de la teinte jaune verdâtre du fond par une éclaircie qui descend du bord costal, jusqu'à la naissance des queues, à peu près parallèlement au bord extérieur. Le corps est de la couleur jaune verdâtre du fond des ailes. Il est velu, comme du reste la base des ailes supérieures et surtout des ailes inférieures.

Les pattes sont roses ; le dessous est comme le dessus ; mais la tache en croissant des ailes supérieures ne se voit que par transparence.

Aux ailes inférieures, en dessus, on perçoit à peine, par une teinte rosée, la tache ordinaire qui clôt la cellule dans les autres espèces de ce genre. De telle sorte que, seulement aux ailes supérieures, *Dubernardi* mâle porte la macule caractéristique de la famille des *Saturnidae*.

L'auteur possède une *Tropaea* ♀ de Léon-Fang, en bon état, et appartenant à une espèce inédite, à moins qu'elle ne soit la ♀ de Dubernardi, comme M. Oberthür paraît le croire, mais sans oser l'affirmer.

En voici la description :

Les ailes de cette ♀ sont plus larges, vertes comme celle de *Felicis*, et sans vestige de lavis rosé, sauf sur les queues ; la tache en croissant des ailes supérieures est conformée comme chez le ♂ de *Dubernardi*, ce qui rendrait vraisemblable l'identification à cette espèce ; les ailes inférieures ont une tache ovalaire, cerclée d'un mince liséré brun, centralement rose, extérieurement éclairé de jaunâtre. Une ligne submarginale brunâtre, plus visible en dessous, descend parallèlement au bord extérieur, depuis le bord costal des supérieures jusqu'au bord anal des inférieures. Cette ligne correspond assez bien à une ligne analogue qui se remarque sur le dessous des ailes de *Dubernardi* ♂ et qui est en dessous l'accentuation de la ligne qui, en dessus, sépare la couleur rose marginale du fond jaune verdâtre des ailes.

3. **Argema Mittrei**, GUERIN-MENEVILLE *(Bombyx M), Revue de Zool.*, 1847, p. 230.

Actias Cometes, Guen., Vinson, *Voyage à Madag.*. Lep., p. 46, pl. 7, 1864.
— — ♀ Maass et Weym., *Beitr. Schmett.*, fig. 9, 1869.
Idea, Feld., *Reise D. Novara*, Lep., pl. 88, fig. 1, 1874.
Argema Madagascariensis ♂, Maass et Weym., *loc. cit.*, fig., 65, 1881.

Envergure ♂ et ♀, 20 centimètres.

Patrie, Madagascar.

Mâle. De couleur jaune de chrome rougeâtre, avec des reflets verdâtres ; ailes supérieures légèrement falquées, taches non soudées à la côte antérieure, celle-ci brun rouge, parsemée de poils blancs ; rayure interne oblique d'un brun rouge clair, liséré de blanc à son côté interne ; rayure externe brun rouge, indiquée surtout sur les nervures par de petits triangles nébuleux rougeâtres se rejoignant quelquefois ; l'apex de l'aile est de couleur brun rouge, saupoudré de squamules blanches ; la tache ocellée est plutôt polygonale que ronde, sur l'aile supérieure, elle est large, le centre est hyalin, mais recouvert de poils rares, il se trouve au milieu d'un cercle dont la moitié interne est d'un jaune rosé un peu

ACTIENS

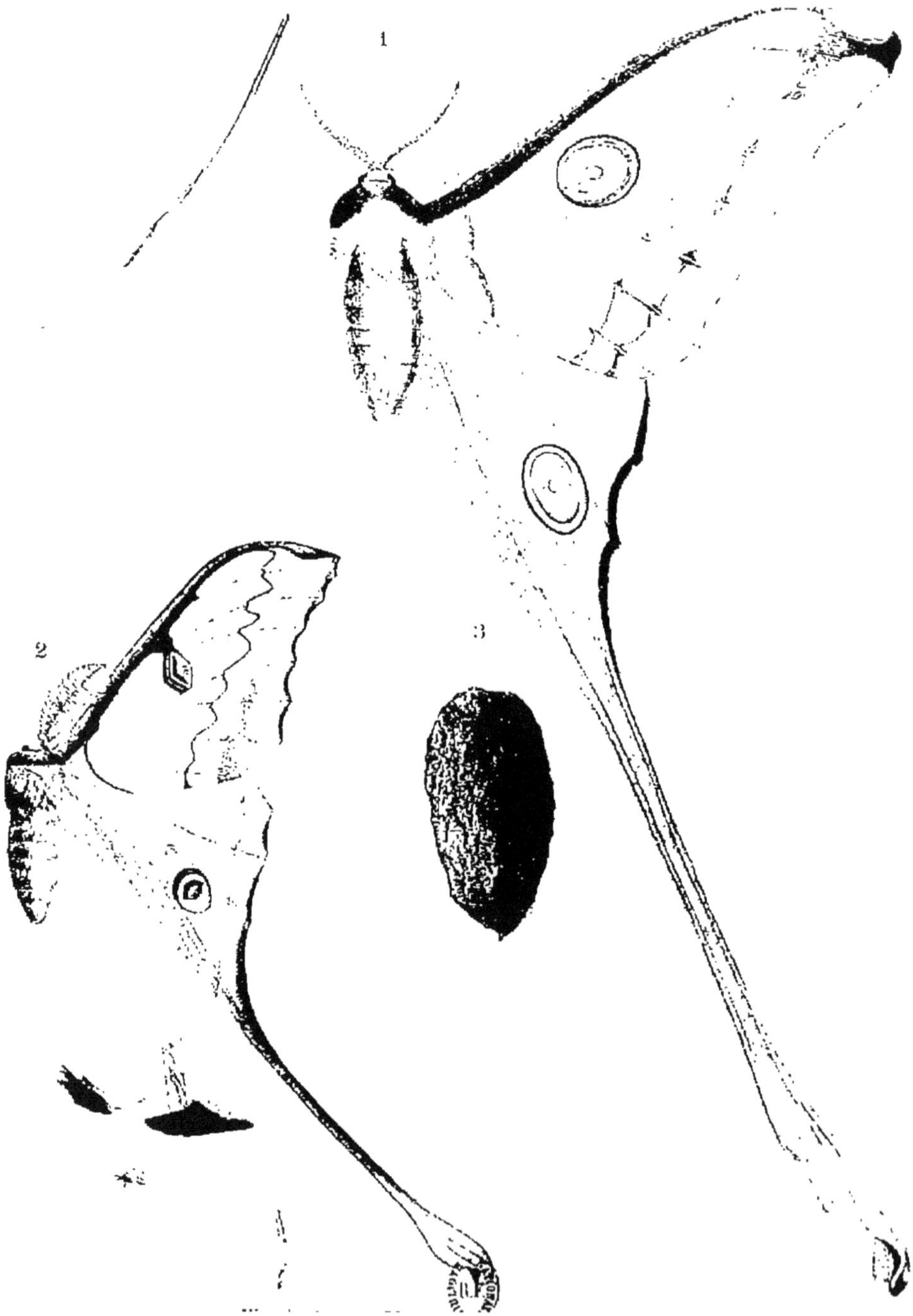

1

2

3

violacé, la moitié externe de couleur jaune un peu plus foncé que celui du fond des ailes, un arc de squamules blanches sur la moitié interne et, le tout, entouré d'un anneau étroit brun noir, sur l'aile inférieure l'œil est un peu plus arrondi et un peu plus petit et les couleurs sont un peu plus nébuleuses et fondues entre elles.

La queue est d'un brun rouge foncé, liséré de chaque côté de brun noir.

Femelle. D'un jaune de chrome rougeâtre et vif, la côte et la pointe apicale des ailes antérieures sont d'un brun violacé, parsemé de poussière blanche, la rayure externe se compose de deux lignes parallèles de petites taches triangulaires qui tendent à se relier entre les nervures ; les ailes inférieures sont bordées de fauve violet, ce qui est aussi la couleur de la portion médiane de la queue, la spatule de celle-ci est jaune, large et plissée sur le bord interne.

Le cocon de cette espèce est d'un blanc argenté, peu ovoïde, presque cylindrique avec une longue traînée soyeuse servant à le fixer sur le tronc des arbres, il présente surtout dans sa partie inférieure une réticulation irrégulière, c'est-à-dire offrant des ouvertures inégales, ses dimensions sont 7cm 1/2 de longueur sur 4 de largeur, environ.

Collections des Musées de Londres, de Vienne et de MM. C. Oberthür et W. Rothschild.

4. **Argema Mimosae**, Boisduval *(Saturnia M.)*, *Voyage de Delegorgue à l'Afrique Australe*, 1847.

Tropaea Mimosae, Walk, *Cat. Lep. Het. B. M.*, p. 1261, n° 3, 1855.
Actias Mimosae, Maass et Weym., *Beitr. Schmett.*, ff. 35-36, 1873.

Envergure, ♂ et ♀, 13 à 13 cm. 1/2.

Patrie : Natal, Abyssinie.

Mâle. Antennes fauves, larges et de moyenne longueur ; la longueur de la queue, de la base de l'aile à l'extrémité est de 11 centimètres. Couleur foncière d'un beau vert clair, plus jaunâtre, vers l'apex et la marge.

Ailes supérieures avec la côte d'un brun vineux parsemé de poils blancs plus densément à son bord externe ; marge des ailes légèrement festonnée entre les nervures, le creux des festons est d'un brun de rouille et la pointe d'un jaune clair; rayure interne oblique, presque basilaire, d'un brun rouge; zone interne très petite, d'un jaune clair; rayure externe brun rouge pâle, très mince, fortement festonnée; sur la base de la zone externe se remarque une traînée de poussière rougeâtre.

La tache ocellée se compose d'un très petit losange central hyalin, inscrit dans un losange semblable gris brun rosé plus foncé à son côté interne, ce losange est inscrit à son tour dans un autre dont le côté interne est de couleur orangé et l'externe jaune vif; ce dernier losange est bordé par une ligne noire, mince, plus épaisse à son côté interne, et dans cette dernière épaisseur se remarque une ligne très fine de squamules blanches; un prolongement de la vestiture de la côte antérieure relie cette dernière à la tache ocellée. Ailes inférieures avec prolongements longs, assez minces dans leur milieu, puis s'élargissant à leur extrémité pour former une spatule large, arrondie, de couleur jaune clair, le milieu de la queue de couleur brun rouge vineux, parsemé d'atomes blancs; la rayure externe est à peine distincte, tache centrale avec la même coloration que celle de l'aile supérieure, mais ovale au lieu d'être en losange. Thorax bordé antérieurement d'un collier de la couleur de la côte, corps jaune, plus clair à l'extrémité de l'abdomen, pattes brun rosé, parsemées de poils blancs, abdomen bordé latéralement de quelques points arrondis rappelant ceux que l'on remarque chez les *Attaciens*.

Femelle. Même coloration, de taille légèrement plus grande avec les ailes supérieures moins échancrées et la longueur des queues plus faible; les antennes sont semblables, mais un peu moins longues d'un quart.

Le cocon a la forme d'un ellipsoïde un peu pointu, dure, rugueux, d'un gris brun légèrement argenté, fixé à une brindille de l'arbre, qu'il enveloppe, mais sans traînée soyeuse formant pédoncule, ils présentent souvent à leurs deux pôles des parties réticulées et quelquefois même par place quelques petites ouvertures disséminées sur leur surface.

5 **Argema Besanti**, Rebel, Wien., 1895.

Expansion, femelle 11 cm. 3/4.

Patrie, Ukambanie; nord-est de Kilimandjaro (Afrique orientale).

Espèce voisine de *Mimosae*, mais parfaitement distincte, le mâle est encore inconnu.

Femelle. Couleur des ailes vert très clair, les ailes antérieures un peu plus foncées que les inférieures, toutes chargées de poils blancs à leur base.

Forme de *Mimosae*, diffère de cette dernière par la rayure externe large et brisée à sa partie inférieure venant aboutir au milieu du bord inférieur de cette aile, cette rayure légèrement festonnée entre chaque nervure est blanche intérieurement et chargée de squamules lilas et brunes à son côté externe, les nervures des ailes sont recouvertes de squamules blanches depuis leur base jusqu'à la marge; cette dernière lisérée de rouge carmin, ainsi que le sommet de la côte de l'aile antérieure; les taches des ailes sont ovalaires et la partie vitrée est plus allongée que dans *Mimosae;* collier antérieur du thorax et paraptères, de couleur prune rougeâtre. Les ailes inférieures ont un prolongement se terminant en spatule, celle-ci lisérée finement de brun, le milieu de la queue est brun prune et la rayure externe de cette aile n'a d'apparentes que quelques traînées de poussière rougeâtre près du bord anal.

Antennes fauve.

Ce papillon unique encore, jusqu'à ce jour, se trouve au Muséum de Vienne; c'est par l'obligeance de M. le Dr Rebel, chargé des Lépidoptères dans ce remarquable Musée et qui le premier a décrit cette espèce, que nous avons pu la figurer.

2me Genre. — **Tropaea.**

Hübner, *Verz. bek. Schmett*, p. 152, 1822?

Diffère du genre précédent par les prolongements moins longs, non sensiblement élargis à leur extrémité. Les femelles ont les antennes de largeur moindre que celles des mâles, mais presque aussi longues, à pectination double et inégale, la pectination la plus longue renflée à son extrémité.

La tache des ailes antérieures est reliée à la côte par une rayure de la couleur de cette dernière. Les cocons sont de coloration brune, de consistance un peu faible et papyracée, peu riches en soie, tissés dans les feuilles nourricières et fixés contre les branches.

1. **Tropaea truncatipennis,** *Nov. Sp.*

Envergure, 14 à 15 centimètres.

Patrie : Jalapa (Mexico).

Mâle. Antennes fauve clair ; corselet avec une fine ligne contiguë au vertex et une bande antérieure de couleur violet foncé semblable à la couleur de la côte des ailes antérieures.

Ces dernières tronquées au sommet et très falquées, la tache ocellée réunie à la côte par une rayure de coloration violet presque noire, les rayures internes et externes font absolument défaut, la marge des ailes est bordée de violet clair de la nervure 1 à la nervure 7; au-dessus, la bordure est jaune citron; tache vitrée semi-lenticulaire, allongée, au centre d'un ovale dont la moitié externe est blanche près du centre, rose, puis jaune verdâtre, et enfin lisérée finement de brun noir; la moitié interne est tout d'abord violet foncé, puis jaune et enfin un gros arc noir dans l'épaisseur duquel se remarque un arc mince de squamules blanches. La couleur des ailes est le vert très clair, le corps est jaune fauve presque blanc.

Les ailes inférieures ont la marge lisérée de la même façon que sur les ailes supérieures et la couleur violette s'étend jusque près de l'extrémité du prolongement; l'œil est légèrement plus grand, les prolongements sont plus larges que dans l'espèce *T. Luna*, dont elle est très voisine et l'extrémité de ces derniers est plus élargie et plissée sur ses bords.

La femelle a les ailes non falquées, la coloration est d'un vert plus bleuâtre presque blanc, le corps d'un blanc pur, les prolongements larges et fortement plissés à leur extrémité.

Cette espèce est pour nous tout à fait distincte de *Luna* par la grande falcature et la truncature apicale des ailes chez le mâle, par des queues larges et fortement plissées et enfin par la taille qui, chez les spécimens de *Luna* qui se rencontrent au Mexique, est toujours au-dessous de la taille moyenne.

Les deux spécimens mâle et femelle que nous avons vus appartiennent à la collection de M. le Dr Staudinger.

2. **Tropaea Luna**, LINNÉ *(Bombyx L.)*, *Syst. Nat.*, 1 p. 496, nº 5, 1758.

Attacus Luna, Cramer, *Pap. exot.*, pl. 2, A.
Tropaea Dictynna, Maass et Weym., *Beitr. Schmett.*, fig, 15.
— **Maassent**, Kirby.
Actias Azteca, Packard, *Guide Study Ins.* p. 298, 1870.

Envergure, 10 centimètres environ chez les deux sexes.

Patrie, Amérique du Nord, Mexique.

Mâle. Couleur variant du vert très pâle, presque blanc au vert bleuâtre ou au vert jaunâtre, ou encore d'un jaune pâle au jaune fauve clair.

ACTIENS

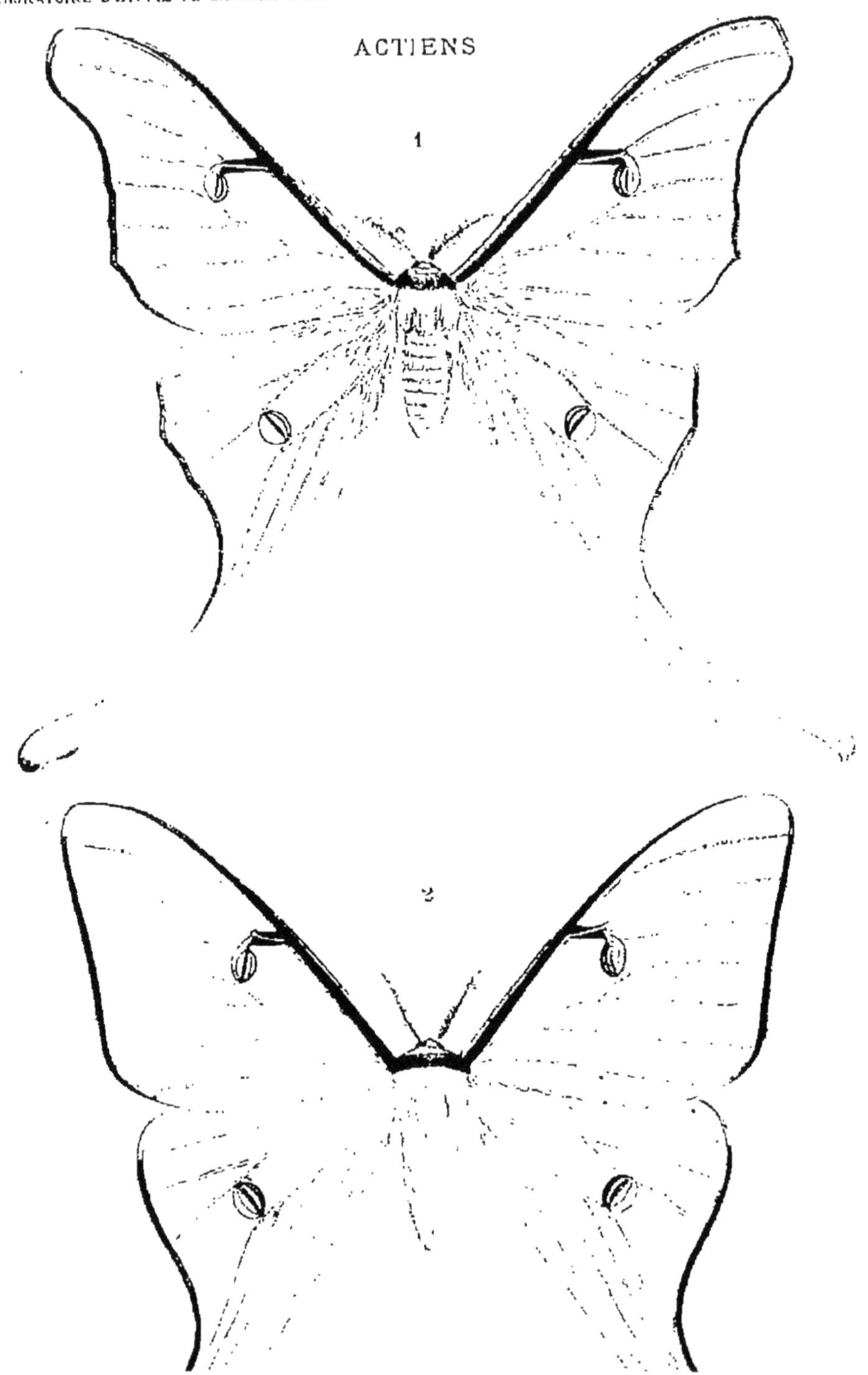

ACTIENS

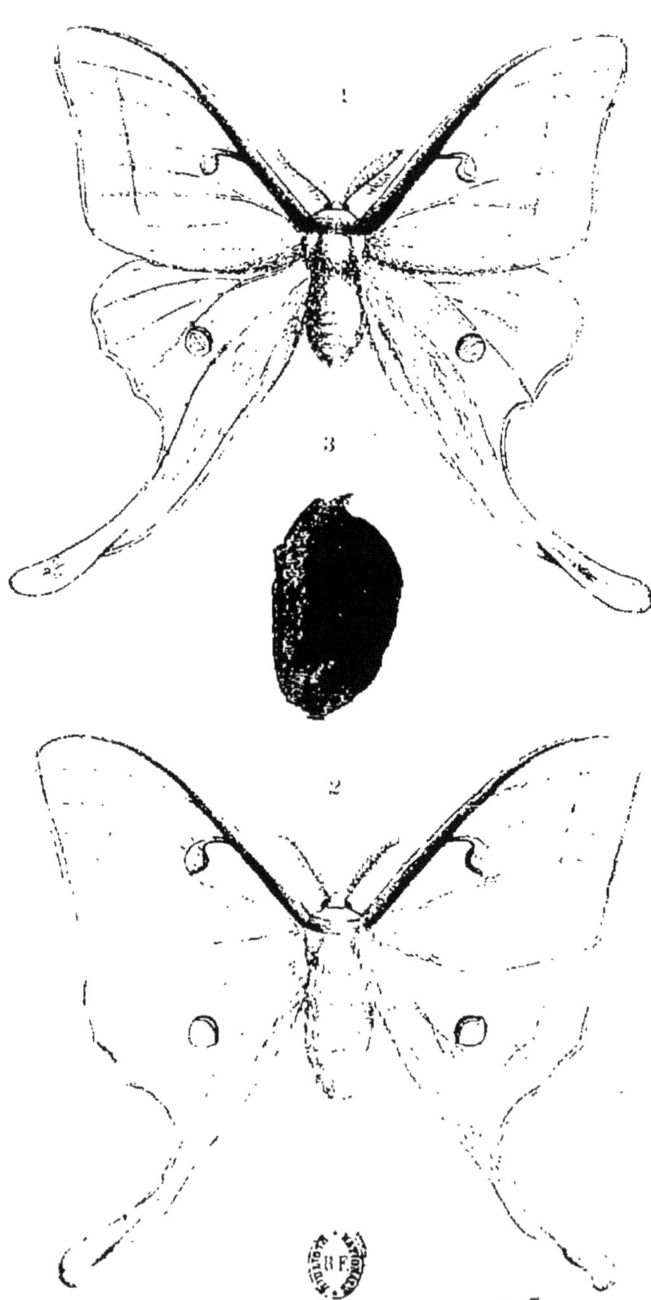

Côte antérieure de l'aile d'un brun vineux fortement chargée de poils rosés à son bord externe, marge de l'aile bordée de couleur variant du jaune de chrome foncé au brun plus ou moins rougeâtre ; quelquefois cette bordure est séparée du fond de l'aile par une raie de couleur presque blanche, opaline. Sommet de l'aile légèrement anguleux, marge faiblement incurvée, tache de l'aile présentant au centre un petit losange hyalin traversé par la nervule intercostale ; ce losange liséré de blanc à sa moitié externe et de rouge à sa moitié interne, est encadré dans un ovale jaune qui se relie à la côte par un arc qui devient brun foncé en se rapprochant de cette dernière, le dessus de cet arc, ainsi que la lisière de l'ovale, est d'un noir profond avec quelques squamules d'un blanc bleuâtre sur la limite de cette dernière couleur ; la rayure interne est confondue dans la base de l'aile, l'externe parfois indistincte ou le plus souvent réduite à une faible ligne légèrement festonnée brun jaunâtre parallèle à la marge. Les ailes inférieures ont leur prolongement arrondi à leur extrémité, sans élargissement, très légèrement contourné, la marge de l'aile est d'un brun rouge violacé, ainsi que le bord externe de la queue ; les taches sont de coloration semblable à celle des supérieures, mais elles sont en cercle parfait et légèrement plus larges, lisérées de noir sur tout leur pourtour ; rayure externe moins accentuée encore que sur l'aile supérieure ; elle vient se perdre dans la naissance du prolongement ; les nervures de toutes les ailes se détachent en couleur un peu plus foncée que celle du fond.

Palpes rouge vineux, antennes fauve clair, corselet bordé antérieurement, immédiatement après le vertex, d'un collier blanc, puis d'un deuxième de la couleur de la côte ; le thorax et l'abdomen varient du blanc pur au jaune pâle selon le plus ou moins de prédominance de cette dernière couleur sur le fond des ailes. Pattes rouge vineux extérieurement, blanches et très velues intérieurement.

Femelle. Sensiblement de la même taille que le mâle, généralement de coloration plus pâle, corps blanc, les ailes antérieures sont légèrement moins échancrées et les prolongements des ailes inférieures présentent un angle obtus à leur côté interne, un peu avant l'extrémité.

Les cocons longs de 3 cm. 1/2 sur 1 cm. 3/4 sont de couleur brun ferrugineux plus ou moins foncé, rarement en ovoïde parfait, ils présentent au contraire, généralement, des surfaces planes sur leur pourtour, causées par les feuilles dans lesquelles ils ont été tissés ; ils contiennent peu de soie et ne peuvent être utilisés que pour le cardage

Cette espèce se trouverait, d'après Cramer, jusque dans l'île de la Jamaïque, mais cet auteur a dû être induit en erreur, car d'après M. Druce, l'extrême habitat de cette espèce serait le Mexique; d'après ce dernier auteur, la larve se nourrirait des feuilles du *Diospyros virginiana* et sur différentes sortes de noyers.

Les éducations de ce papillon se font assez facilement en France sur le noyer commun.

Dans la collection de M. Staudinger se trouve une aberration des plus curieuses de cette espèce : de 9 cm. 1/2 d'envergure, d'un vert presque blanc, taches ocellées très petites reliées à la côte sur l'aile antérieure par un simple trait mince brun rouge ; les ailes inférieures ont chacune un double prolongement, l'un anal court et très mince, soutenu seulement par la nervure de ce nom, et le deuxième, plus long et plus éloigné, très mince également, soutenu par les trois ramifications de la nervure médiane.

Maassen et Weymar ont figuré dans leur atlas *(Beiträge zur Schmetterlingskunde,* fig. 15) un papillon sous le nom de *Tropaea Dictynna* de la Chine et que nous croyons être une aberration de *Luna;* sa couleur générale est le jaune chamois et les taches ocellées des ailes sont un peu plus grandes que dans cette dernière espèce, les ailes antérieures sont aussi plus pointues et la taille un peu plus petite, il se pourrait que l'espèce fût distincte ; toutefois cette espèce n'ayant jamais été retrouvée et l'indication de Chine comme patrie étant assurément erronée, il est plus probable que c'est sur une aberration que le dessin a été fait.

Tropaea Azteca, Pack est considéré par M. W. Rothschild comme une aberration de *Luna;* M. Packard dit que cette espèce en diffère par sa taille plus petite, 9 cm. 1/2 d'envergure, les ailes antérieures plus courtes, l'apex plus arrondi et les queues plus courtes de moitié ; il est d'un vert blanchâtre, les autres marques comme dans *Luna*. Nous n'avons pas vu le type de cette espèce, mais d'après M. Druce [1], ce ne serait qu'une forme naine de *Luna*, cet auteur en ayant reçu plusieurs spécimens de Guatemala (côte occidentale), qui correspondent parfaitement avec la description de Packard.

[1] *Biol., Centr. Amer.* 1886.

ACTIENS

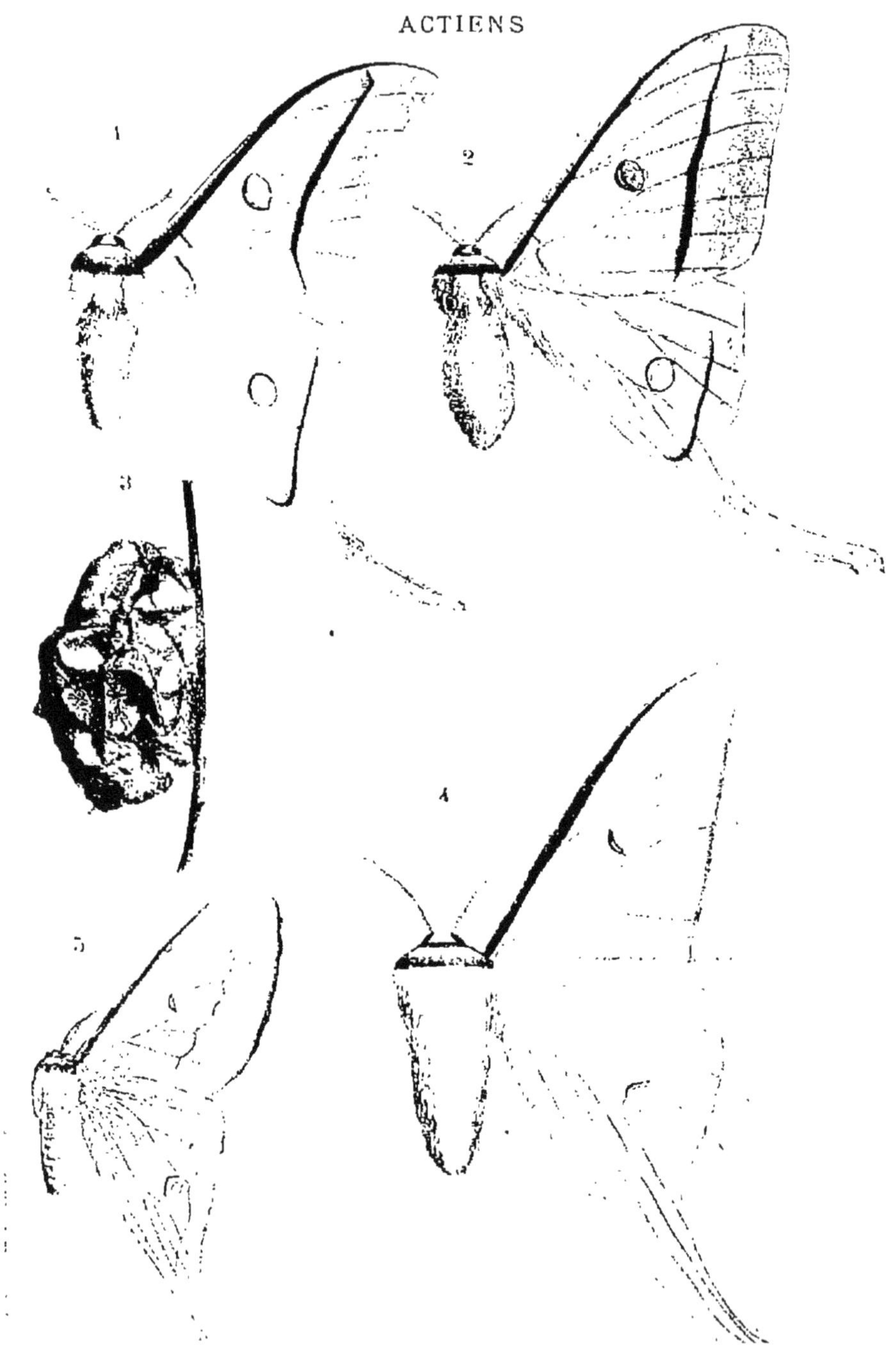

3me Genre. — **Actias.**

Leach, *Zool. Misc.*, 11, p. 25, 1815.
Plectropteron, Hutton, *Ann. Nat. Hist.* XVII, p. 60, 1846.

Distinct du genre précédent par les ailes antérieures pointues et généralement très falquées, surtout chez les mâles, par les taches de ces ailes non reliées à la côte antérieure de l'aile par une rayure colorée, et par la rayure interne, le plus souvent en ligne brisée, assez éloignée de la base des ailes, les prolongements se terminent en pointe chez les mâles et sont arrondis sans élargissement terminal chez les femelles.

Cocons de couleur brune, tissure, forme et consistance de ceux du genre précédent.

1. **Actias Selene**, Hübner *(Echidna caudata S.), Samml. ex Schmett*, 1, 1805.

> **Actias Luna**, Cramer, *Pap. exot.*, pl. 31, A.B., 1775.
> **Plectropteron Diane**, Hutt., *Ann. Nat. Hist.*, XVII., p. 60, 1846.
> **Actias Selene**, Vas Ning Poona, Feld., *Wien. ent. Mon.*, 1862.
> — **Astarte**, Maass et Weym., *Beitr Schmett.*, fig. 16, 1872.

Envergure, 11 cm. 12, mâle ; 13 à 15 centimètres, femelle.

Patrie : Indes Orientales, Chine, île des Andamans.

Mâle. Ailes d'un vert glauque clair, plus ou moins blanchâtre ou jaunâtre, pointues, très falquées ; antennes fauves, queue terminée en pointe, teintée de rose dans le milieu de sa longueur, extrémité jaune clair. Taches des ailes rondes, divisées en deux par la nervule intercostale, cette dernière légèrement arquée ; contigu à cette nervure se trouve un arc étroit diaphane, la moitié du cercle extérieur à cet arc se trouve d'un blanc rosé devenant insensiblement jaune sur sa limite externe qui est bordée par une ligne jaune brun ; la moitié interne du cercle est formée de trois croissants contigus et ayant leurs extrémités communes : le plus interne fauve vif, le médian blanc, l'externe noir. La rayure interne est d'un brun verdâtre, elle est brisée non loin de la côte antérieure, sa brisure inférieure s'oblique légèrement en s'éloignant de la base de l'aile pour atteindre le bord inférieur de celle-ci ; la rayure externe est parallèle à la marge, mais s'incurvant entre les nervures 7 et 8, elle est formée d'une ligne de squamules d'un brun verdâtre, bordée extérieurement d'une ligne un peu plus large d'un vert bleuâtre, laiteux.

Côte antérieure de l'aile d'un brun vineux, chargée de poils blancs, surtout sur le côté externe qui est presque de cette dernière couleur. Sur les ailes inférieures, les taches sont légèrement plus grandes et les trois arcs internes sont moins accentués que sur l'aile supérieure; palpes dépassant légèrement la tête, à dernier article pointu, rougeâtre, corps d'un blanc pur, pattes d'un rouge vineux, sauf les cuisses qui sont chargées de poils blancs. Front blanc, thorax bordé antérieurement d'une fine ligne de poils rouges contiguë au vertex, suivie d'un collier blanc, puis d'une bande brun rouge, de la couleur de la côte.

Femelle. De taille plus forte, ailes faiblement pointues, non falquées, de coloration semblable quoique généralement plus pâle, le prolongement caudal est plus large, avec quelques plissements à son extrémité.

La chenille adulte est d'un vert pomme superbe avec des tubercules de couleur orangé brillant, excepté les quatre qui s'élèvent du second et du troisième segment qui sont annelés de noir et couronnés de jaune pâle ; les deux tubercules postérieurs et l'anal sont entièrement verts ; de chacun des tubercules s'élève une petite touffe de poils dont ceux du centre sont les plus longs, la tête et l'extrémité des pattes sont de couleur brune; de chaque côté sur les flancs se remarque une ligne rouge supérieurement, jaune inférieurement et les stigmates sont rouges.

Cette chenille vit sur le *Coriaria Nepalensis*, sur le *Cedrela paniculata* et sur le *Salix Babylonica ;* en France, on peut élever cette espèce sur le noyer et sur le cerisier sauvage. Le cocon est d'un brun rouge, tantôt en forme de barillet, tantôt offrant des surfaces planes selon la nature des feuilles dans lesquelles celui-ci a été tissé. Très faible en soie, indévidable jusqu'à ce jour, il offre peu d'intérêt au point de vue industriel.

Maassen et Weymer ont figuré sous le nom d'*Actias Astarte*, figure 16 de leur atlas, une aberration de cette espèce, dont les ailes antérieures sont d'un jaune clair et les inférieures teintées de vert sur le disque, les prolongements restent jaunes ainsi que le bord anal.

ACTIENS

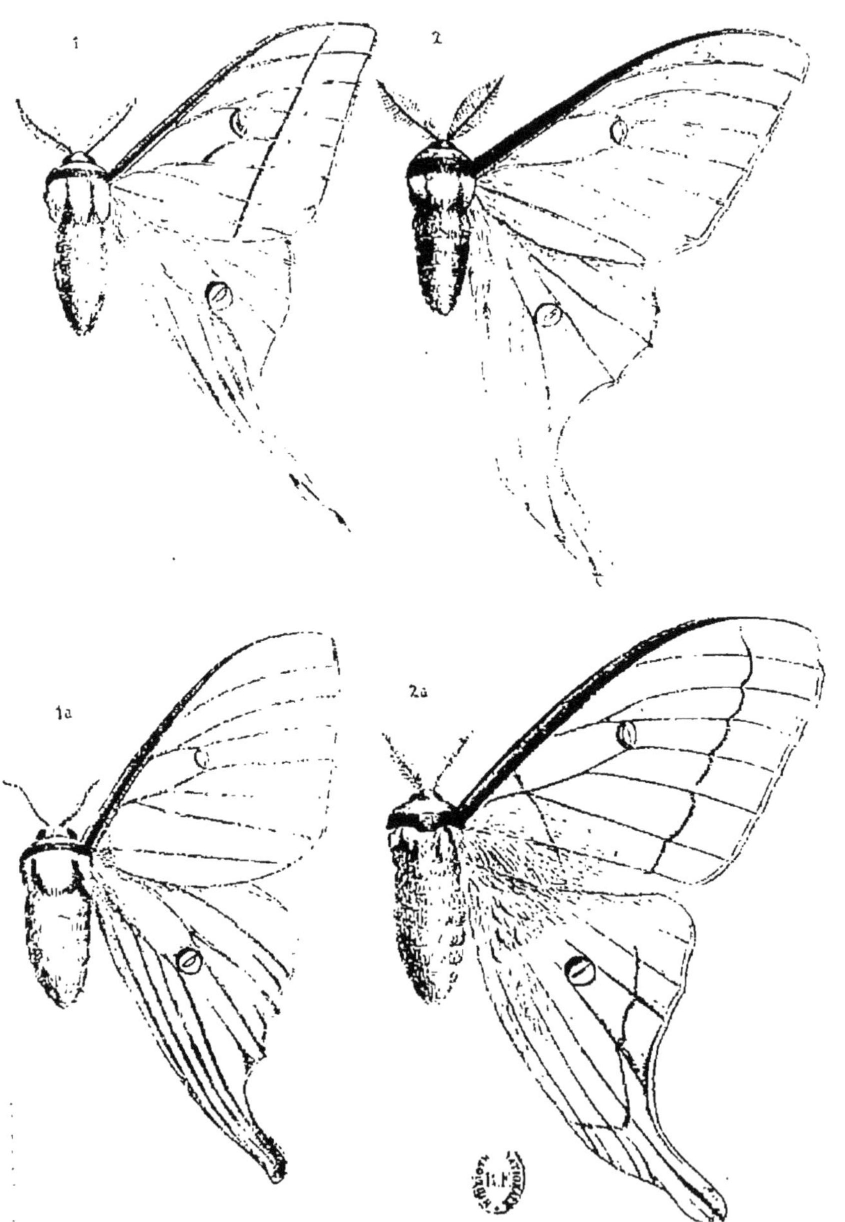

La variété *Ning-Poana*, Felder, est une race de la Chine de grande taille et d'un vert plus uniforme, les cocons de cette race mesurent jusqu'à 6 centimètres de longueur.

2 **Actias Sinensis**, Walker *(Tropaea S.)*, *Cat. Lep. Het. B. M.*, VI, p. 1264, n° 7, 1855.

Envergure, 11 à 12 centimètres.

Patrie, nord de la Chine.

Mâle, de couleur jaune clair avec rayure externe très faible, de couleur bronzée, profondément dentée, tache ocellée colorée de rose dans le centre, jaune ensuite et cerclée de brun, ce dernier cercle beaucoup plus sombre et plus large à son côté interne. Ailes antérieures colorées en rose le long de la côte, postérieures ferrugineuses le long de la marge, les longues queues sont d'un rouge vineux, sauf l'extrémité qui est de la couleur foncière.

La *femelle* est presque blanche.

3. **Actias gnoma** Butler *(Tropaea g)*, *Ann. Nat. Hist.*, XX, p. 480, 1877. — *Ill. Lep. Het. B. M.*, p. 17, pl. 25, fig. 1, 1878.

Envergure, mâle 12 centimètres; femelle 12 cm. 1/2.

Patrie, Japon.

Mâle. Couleur vert clair plus ou moins bleuâtre, les ailes antérieures sont pointues mais non falquées; base des ailes chargée de poils blancs, corps de cette dernière couleur. Côte antérieure des ailes brun rouge, plus blanc du côté externe, collier antérieur sur le thorax de la couleur de la côte. Tache de l'aile antérieure petite ayant à son centre un long triangle hyalin, inscrit dans un cercle dont la moitié externe est blanche et l'interne jaune, ce cercle liséré de jaune sur sa moitié externe et d'un arc noir épais sur la moitié interne; sur les ailes inférieures, la tache est deux fois plus grande et présente la même coloration; ces ailes ont leur marge à peine cintrée et elles se rétrécissent graduellement en s'allongeant en pointe; la rayure externe d'un brun verdâtre est parallèle à la marge sur les ailes supérieures et presque invisible sur les inférieures. Les nervures des ailes se détachent en jaune sur le fond vert de celles-ci, marge des ailes jaune.

Antennes d'un roux pâle, pattes d'un brun vineux extérieurement, fortement garnies de poils blancs en dessous.

Femelle, même coloration, mais le prolongement des ailes inférieures est court et la marge de ces ailes est festonnée, l'extrémité du prolongement est arrondie, la marge des ailes supérieures est légèrement convexe non festonnée. Cette espèce est assez rare dans les collections, nous ne connaissons que le type du musée de Londres et un spécimen dans la collection du Laboratoire.

4. **Actias Felicis**, OBERTHÜR, *Études d'Entomologie*, 20e livraison, p. 67, pl. 9, fig. 61.

Envergure, mâle, 10 centimètres.

Patrie, Siao-Lôu (Thibet).

D'un vert d'eau pâle avec la côte et le collier d'un brun violacé. La frange est jaunâtre; une ombre grisâtre un peu ondulée, située au delà des taches ocellées ordinaires, descend presque parallèlement au bord marginal depuis la côte des ailes supérieures jusqu'au bord anal des inférieures.

Les taches ocellées un peu allongées sont formées par un croissant intérieur noir et une partie centrale hyaline entourée d'un bourrelet cotonneux blanc rosé.

Le corps est blanc, les pattes sont d'un rose vineux, les antennes sont brunes à pectination moins épaisse que chez les diverses variétés de Selené. On remarquera que la forme des ailes de cette espèce est bien différente de celle de ses congénères.

5. **Actias aliena**, BUTLER *(Tropaea A.)*, *Ann. Nat. Hist.*, p. 355, 1879.

Envergure, mâle 13 cm. 1/2 ; femelle 15 centimètres.

Patrie, Japon.

Mâle, de coloration vert clair jaunâtre, les ailes supérieures non falquées peu pointues, les inférieures avec le contour arrondi, le prolongement caudal est large à sa base et la nervure anale n'atteint pas le sommet du prolongement.

ACTIENS

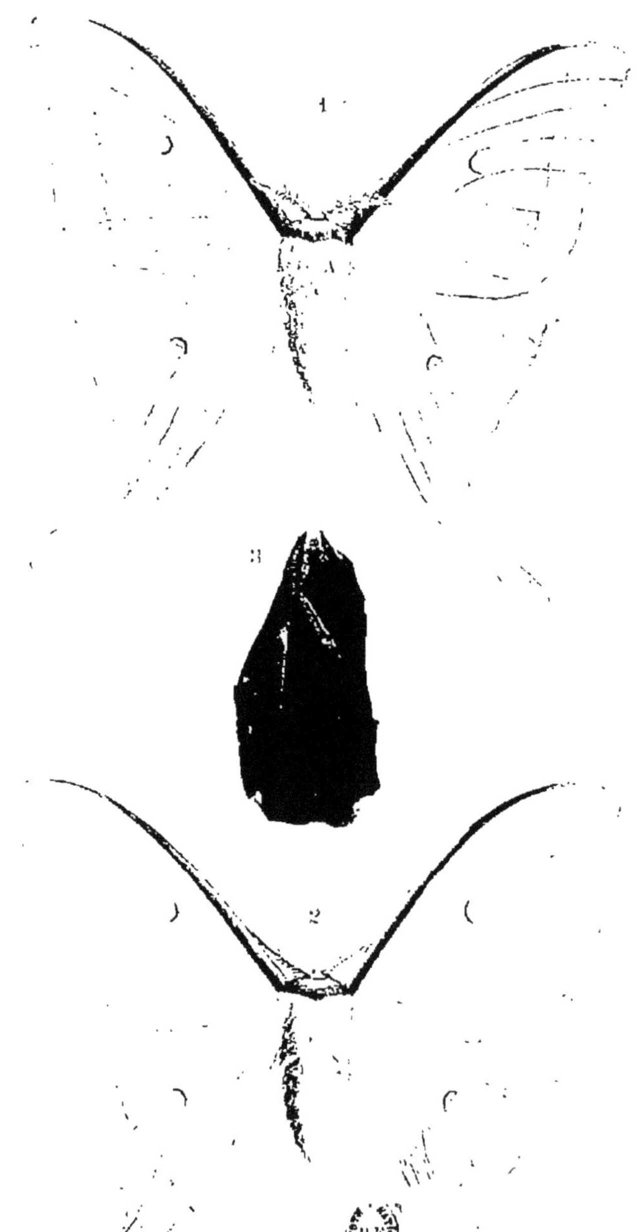

Femelle, plus jaunâtre avec des vestiges de rayure interne; externe brun jaune assez apparente, festonnée entre les nervures sur les deux ailes ; le prolongement est large à sa base comme chez le mâle, mais son extrémité est plus arrondie, les ailes antérieures sont arrondies au sommet, leur marge presque convexe est lisérée de jaune. La côte antérieure chez les deux sexes est d'un brun rouge violacé foncé, légèrement parsemée de poils blancs sur le bord externe.

Nous représentons cette espèce d'après les types du Museum de Londres.

6. **Actias Artemis**, Bremer *(Saturnia A.)*, *Bull. Acad. Pétersbourg*, III, p. 566, 1861.
Tropaea Dulcinea Butler, *Trans. Ent. Soc. Lond.*, 1881.

Envergure, mâle et femelle, 13 centimètres.

Patrie, Amour, Sibérie-Orientale.

Caractères communs aux deux sexes: antennes fauves, prothorax bordé antérieurement d'une ligne étroite rouge-brun contiguë au vertex, puis d'une bande blanche large et d'une deuxième de même largeur rouge brun, qui est aussi la couleur de la côte antérieure des ailes. Couleur générale vert très clair, base des ailes fortement chargée de poils laineux blancs, marge des ailes fortement bordée de jaune ; taches des ailes petites, ovalaires sur les ailes supérieures, rondes et un peu grandes sur les inférieures, rayure interne absente; le centre des taches est hyalin, étroit, lenticulaire, encadré dans un ovale ou dans un cercle, selon les ailes, jaune, ce dernier est bordé seulement à son côté interne d'un arc noir liséré de squamules blanches.

Mâle. Rayure externe jaune très faible, festonnée entre chaque nervure, toute la zone médiane est plus jaunâtre, le prolongement des ailes inférieures est large et arrondi à son extrémité, ailes non pointues et non falquées.

Femelle. D'un vert uniforme généralement plus bleuâtre et plus clair, prolongement caudal court formant une saillie presque latérale, cette saillie non soutenue par la nervure anale.

Cette espèce se distingue de *Selene* par l'absence de coloration rouge sur le milieu des prolongements, par les taches plus petites, par l'absence de rayure interne et par l'externe qui est très faible et en feston, par les ailes antérieures non falquées et enfin par le prolongement tout à fait distinct. Le cocon est brun, forme de celui de *Selene*, quoique légèrement plus allongé.

Collection du Laboratoire.

L'*Actias Dulcinea*, Butler, du Japon, n'est à notre avis qu'une aberration de cette espèce.

4me GENRE. — **Graellsia.**

GROTE, *Die Saturniiden*, p. 3, juin 1896.

Ce genre ne renferme qu'une seule espèce spéciale à l'Espagne ; il se distingue par les caractères suivants : petite taille, prolongements pointus chez le mâle, chez la femelle la marge de l'aile inférieure s'élargit pour former une dent latérale pointue. Les nervures des ailes sont revêtues de squamules brunes, tandis que le fond des ailes en est dépourvu sur toute la zone médiane.

La nervure sous-costale n'émet que quatre ramifications au lieu de cinq chez les autres genres. Antennes des mâles larges et longues, celles des femelles courtement dentées, bipectinées sur le même article, mais inégalement, la dent la plus longue renflée et tronquée à son extrémité ; la plus courte, moins longue des 2/3, est conique.

Cocons en forme d'olive, sans pédoncule soyeux.

1. **Graellsia Isabella,** GRAELLS *(Saturnia I.)*, *Rev. Zool.* 1849, p. 601.

Saturnia Isabella, Millière, *Ann. Soc. Linn. Lyon*, 1872.

Envergure, 9 cm. 1/2 à 10 centimètres.

Patrie, Espagne centrale.

Mâle. Tête jaune, thorax très velu, vineux, prothorax et épaulettes vineux bordé de jaune clair, corps très villeux, jaunâtre, marqué de vineux en dessus et de brun en dessous ; les segments sont jaunes, annelés de roux et de noir. Ailes d'un vert clair, à moitié diaphanes, avec le bord et les nervures d'un roux ferrugineux finement liséré de brun, tache ocellée à pupille diaphane lenticulaire allongée, au milieu d'un cercle dont la moitié interne est d'un beau rouge pourpre, l'autre

ACTIENS

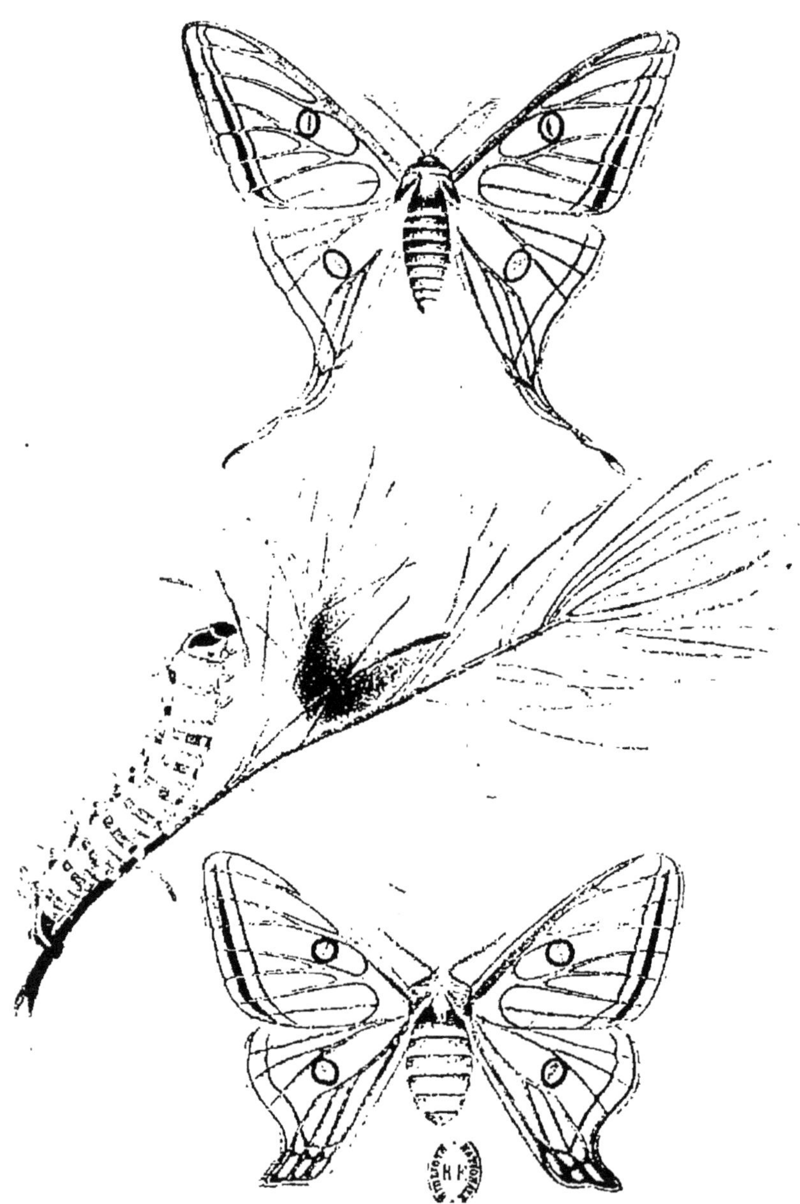

moitié externe d'un jaune de chrome, ce cercle est bordé à son côté interne d'un arc de squamules blanc bleuâtre, enfin le tout est scellé d'un anneau noir. La zone interne est très petite, jaune, limitée par la rayure interne qui est presque basale, d'un roux ferrugineux, liserée de noir extérieurement ; rayure externe presque marginale formée de deux lignes parallèles brunâtres, festonnées légèrement entre chaque nervure. Zone externe jaune verdâtre, étroite, avec marge d'un roux ferrugineux liserée de noir à son bord interne ; la rayure externe se réunit inférieurement à la rayure interne en s'étendant toutes deux sur le bord inférieur de l'aile.

La coloration est la même dans les deux sexes, sauf que la forme, comme il a été dit plus haut, dans les caractères génériques, est différente.

La chenille, d'après Millière [1], est cylindrique, avec le fond d'un beau vert pomme, la région du dos est marquée d'une large bande continue d'un brun rougeâtre, liserée de blanchâtre de chaque côté du quatrième au dixième segment inclusivement ; de plus, ces mêmes segments sont cerclés de pourpre obscur ; chacun des cercles est de chaque côté partagé régulièrement par deux taches carrées d'un blanc jaunâtre ; la région du ventre est d'un ferrugineux pâle, enfin tout le corps est aspergé de nombreux points d'un blanc jaunâtre. Le premier segment présente en dessus une plaque écailleuse dont le fond est d'un noir luisant aspergé de points blanchâtres, cette plaque est partagée en deux par un large sillon ; elle est, en outre, entourée de toutes parts d'un filet jaunâtre ; le cercle des deux premiers anneaux est uniformément de cette dernière couleur. La tête est globuleuse, noire, luisante, présentant de nombreuses stries jaunâtres, formées de séries de points qui se touchent. Les stigmates placés assez haut et au centre de la partie foncée de chacun des cercles sont ovales, d'un fauve obscur, entourés de noir et partagés au centre par un trait foncé. Les pattes écailleuses sont d'un rouge obscur, les membraneuses sont annelées de jaune et de rougeâtre, ces dernières sont terminées par une sorte de ventouse brune ayant le bord divisé en deux parties et garnie d'un rang d'épines brunes courtes. Cette chenille vit sur le pin maritime ; elle se rencontre aux environs de Madrid où elle est rare.

Collection du Laboratoire.

[1] *Annales Société Linnéenne de Lyon*, 1872.

5me Genre. — **Copiopteryx.**

Duncan, *Nat. Libr. Exot. Moths*, p. 125, 1841.

Propre à l'Amérique du Sud, ce genre se distingue des précédents par les prolongements des ailes inférieures très longs et grêles dans leur milieu, s'élargissant beaucoup à leur extrémité et par des taches vitrées anguleuses non auréolées ; par les ailes antérieures tronquées à leur sommet et par des palpes très longues dépassant la tête. Ce sont des papillons extrêmement rares dont les cocons et les chenilles ne sont pas connus. Le nombre des articles des antennes est supérieur à 40 et la soudure des nervures 5 et 6 se fait à angle droit, contrairement à ce qui existe dans tous les autres genres de ce groupe.

1. **Copiopteryx Semiramis**, Cramer *(Attacus S.)*, *Pap. exot.*, pl. 13, A, 1775.

Saturnia Phaenix, Deyrolle, *Ann. Soc. Ent. Belg.*, pl. 1, 1869.
Eudaemonia Phaenix, Maass, *Beitr. Schmett.* fig. 5 et 7, 1869.
Aricia Phaenix, Feld., *Reise de Novara*, Lep., pl. 92, fig. 1, 1874.

Expansion : mâle 12 centimètres; femelle 14 centimètres.

Patrie : Honduras, Colombie, Guyane, Brésil.

Mâle. Longueur des prolongements de la base de l'aile à l'extrémité, 16 centimètres, couleur fauve brun, marbré de brun foncé et de brun rosé avec des parties cendré bleuâtre vers l'apex et la côte, ainsi que sur la rayure externe.

Sur l'aile supérieure, une tache vitrée allongée, arquée, irrégulière; rayure interne en ligne brisée, de couleur fauve ; ailes inférieures avec un petit œil hyalin presque lenticulaire arqué, non auréolé; rayure externe large formant un angle aigu à la naissance du prolongement caudal ; ce dernier brun depuis sa base jusqu'à sa partie extrême qui est large, plissée et de couleur fauve clair.

Femelle. Le fond des ailes est de couleur fauve brun, zone interne brun foncé jaunâtre, sauf sur la côte, zone médiane fauve plus clair dans sa partie supérieure, la partie inférieure est un peu teintée de rose, taches hyalines doubles, subtriangulaires, l'inférieure plus grande, ces deux taches entourées de couleur brun foncé; rayure externe étroite

ACTIENS

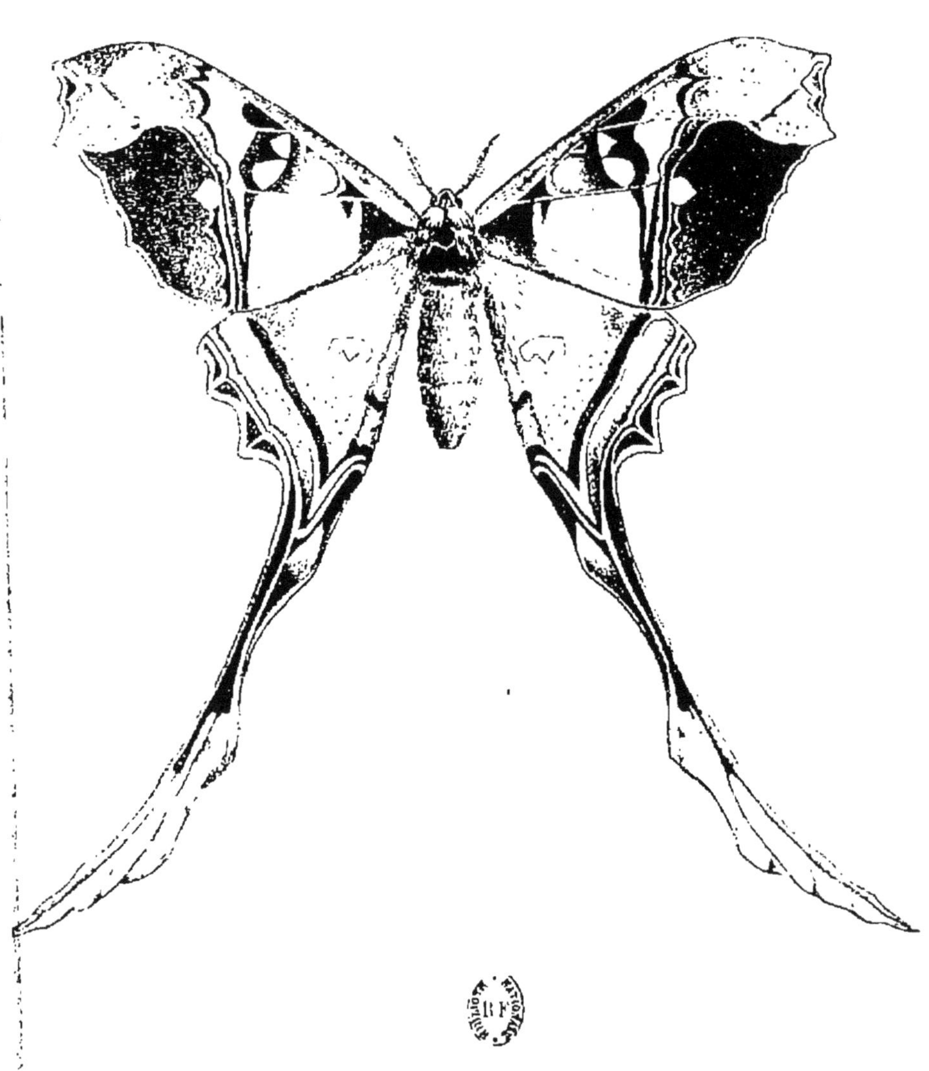

[illegible] Cramer (femelle)

ACTIENS

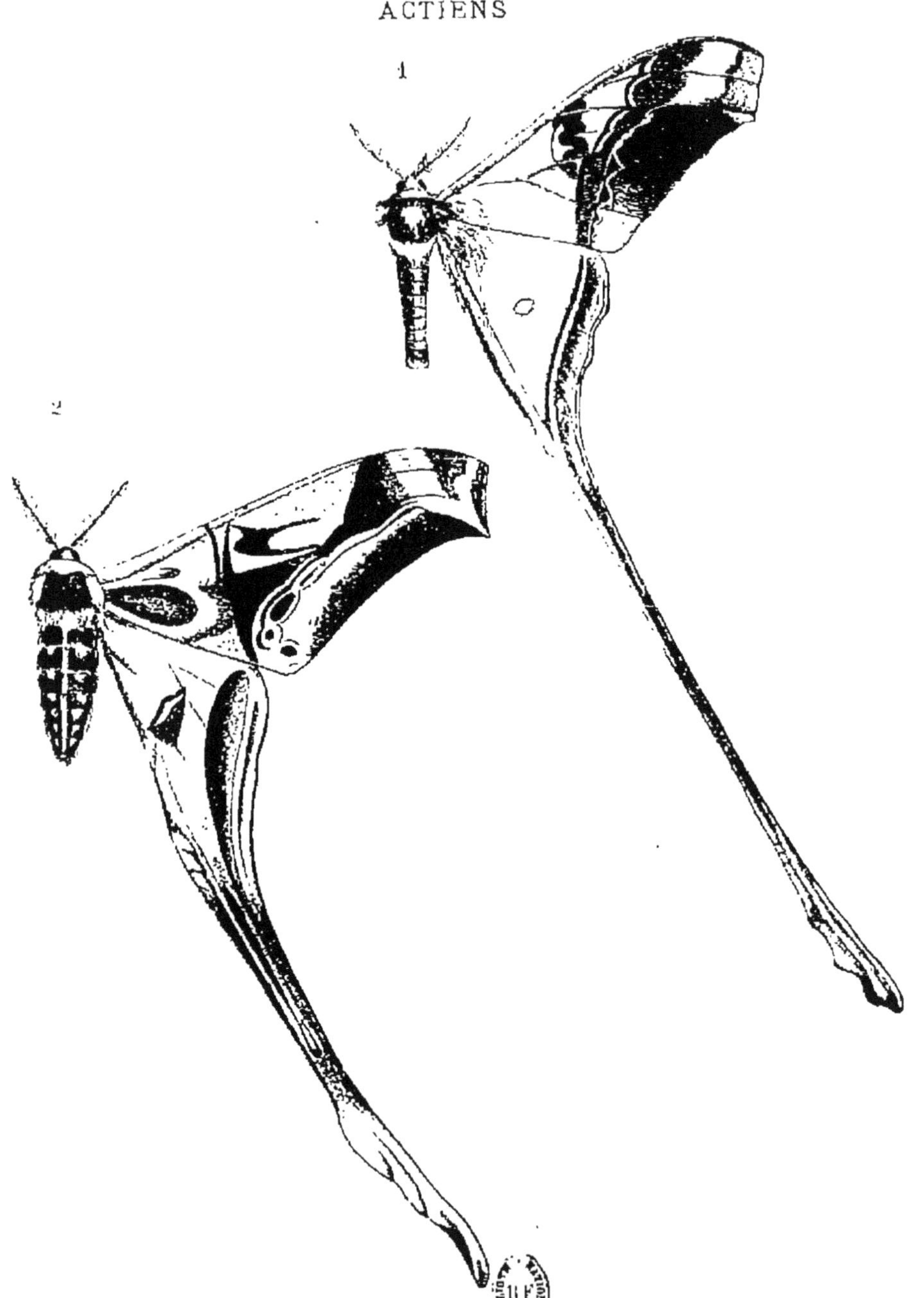

Fig. 1. *Copiopteryx Semiramis*, Cramer (mâle).

ACTIENS

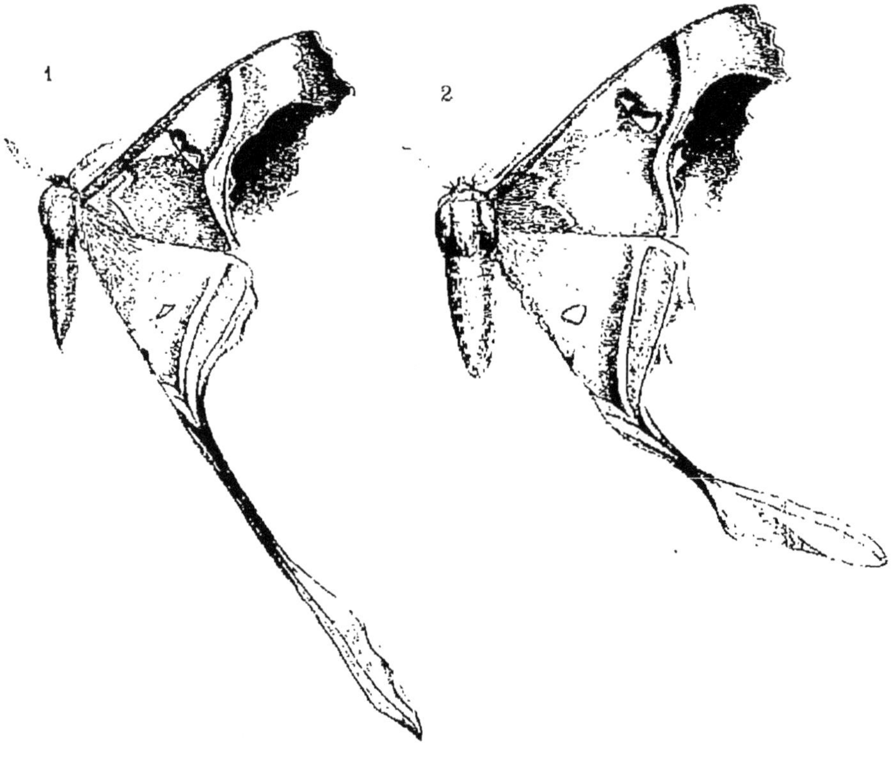

1

2

Fig. 1, 2. *Copiopteryx Jehovah*, Streck (mâle et femelle).

dans ses deux tiers inférieurs, large et envahissant toute la zone externe dans son tiers supérieur, de couleur cendrée dans cette dernière partie, plus bleuâtre dans sa partie étroite, limitée extérieurement par des festons anguleux blancs et bruns ; zone externe d'un brun très foncé, plus clair vers le bord inférieur. Ailes inférieures fauve depuis la base jusqu'à la rayure externe, un peu plus violacé vers le bord anal, rayure externe d'un cendré violacé formant un angle aigu à la naissance du prolongement; tache vitrée tridentée à son côté externe, rectiligne à son côté interne ; marge fortement dentelée, prolongement plus court que dans le mâle, brun dans sa partie médiane, large, plissé et pointu, de couleur fauve clair à l'extrémité.

Cette rarissime espèce existe aux Muséums de Paris, de Berlin et de Londres, ainsi qu'à Dresde, collection de M. Staudinger.

2. **Copiopteryx Jehovah**, Streck *(Eudaemonia J.)*, *Lep.*, p. 93, 1874, et p. 101, pl. 12, fig. 1, 1875.

Envergure, 10 centimètres.

Patrie, Brésil.

Mâle. Antennes fauve clair, peu larges, palpes très apparentes. Ressemble beaucoup à Semiramis, mais la coloration générale est plus sombre, les ailes plus dentelées, les queues plus courtes et la disposition des ornements des ailes est un peu différente; les parties cendrées que l'on remarque dans l'espèce précédente sont d'un brun violet dans cette espèce et la partie antérieure des ailes est de coloration plus claire et teintée de rose ; le brun de la zone externe est très foncé, presque violet ; tache hyaline petite, subtriangulaire, un peu allongée.

Femelle. De taille un peu plus forte avec collier antérieur du thorax de couleur rosé, la partie supérieure de la zone externe est d'un lilas clair un peu brunâtre. De même que l'espèce précédente, dont elle n'est probablement qu'une race locale, elle est extrêmement rare, nous n'en connaissons qu'un spécimen au Muséum de Paris, un au Muséum de Berlin et deux spécimens dans la collection de M. Staudinger.

3. **Copiopteryx Decerto**, Maassen et Weymer *(Eudaemonia D.)*, *Beitr. Schmett.* f. f. 13, 14, 1872.

Envergure, mâle, 14 centimètres.

Patrie, Brésil.

Mâle. Collier antérieur du thorax jaune, thorax et abdomen brun clair, ce dernier annelé de jaune. Ailes antérieures tronquées avec marge non festonnée; de coloration générale jaune fauve clair avec des marbrures variant du brun rouge jaunâtre au brun foncé noirâtre, tache vitrée de l'aile supérieure crochue, anguleuse; sur l'aile inférieure la tache est moins grande. Musée de Berlin et collection de M. Staudinger. La femelle est encore inconnue.

6me GENRE. — **Eudaemonia**.

HÜBNER, *Verz. Bek. Schmett.*, p. 151, 1822.

Eustera, DUNC, *Nat. Lib. Exot. Moths*, p. 125, 1841.

Insectes spéciaux à la côte occidentale et équatoriale de l'Afrique, remarquables par le développement de leurs palpes qui dépassent de beaucoup la tête, à dernier article allongé et abaissé, par des antennes simplement pectinées et d'un nombre d'articles restreint ne dépassant pas 25, par des taches ocellées multiples, non vitrées, sur chaque aile et surtout par le développement extraordinaire des prolongements des ailes inférieures qui, chez les mâles, dépasse souvent quatre fois la longueur des ailes. Les ailes antérieures sont arrondies dans les deux sexes et à marge convexe.

Ces prolongements extrêmement grêles sont terminés par un élargissement offrant quelques plissements sur son pourtour et contourné en vrille.

Les chenilles se transforment en nymphes sans tisser de coque soyeuse; elles s'enterrent simplement dans l'humus au pied des arbres nourriciers.

Comme on le voit, la pectination simple des antennes et les chenilles se transformant sans filer de cocon soyeux, constituent deux exceptions dans ce groupe; si donc un seul ou deux caractères devaient suffire pour entraîner l'exclusion d'un genre, du groupe où il paraît avoir le plus d'affinités, ce genre, ainsi que le précédent, devraient forcément être l'objet d'une section différente.

ACTIENS

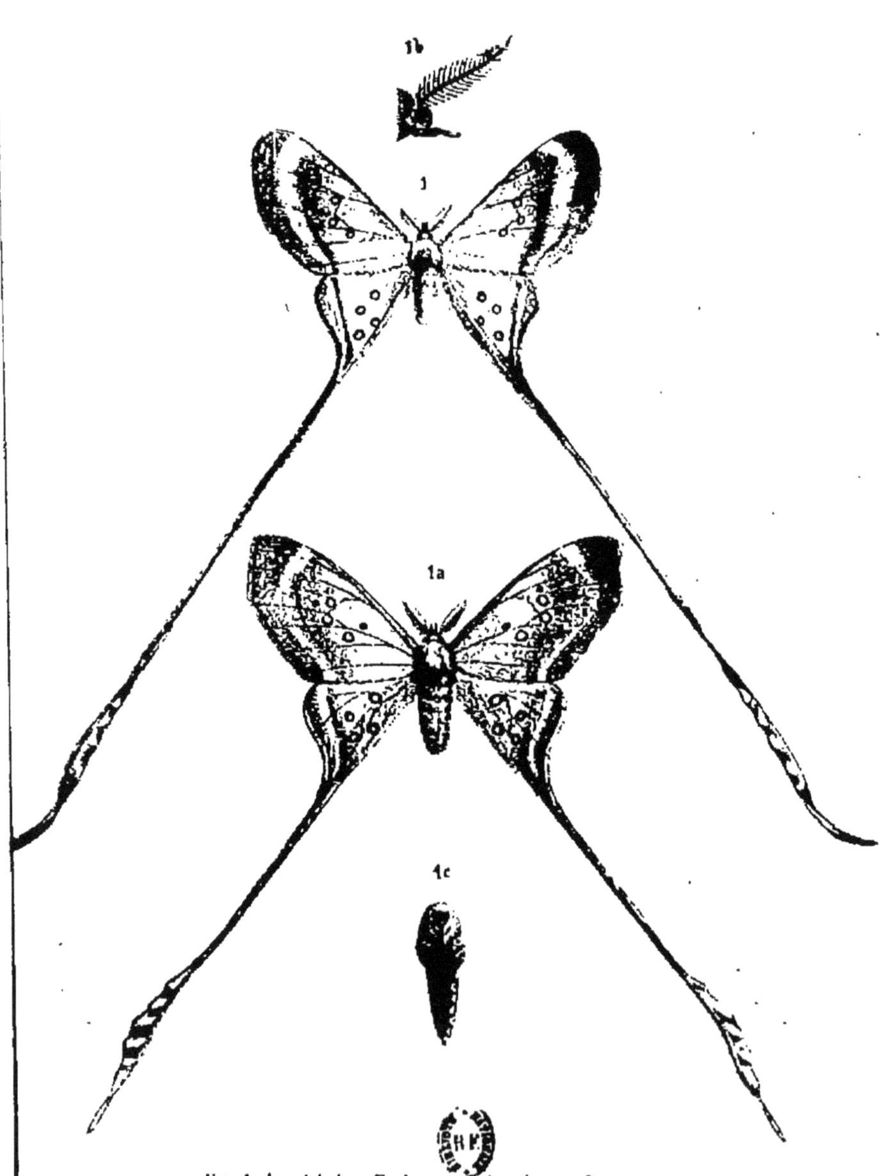

1. **Eudaemonia brachyura,** DRURY *(Attacus B.), Ill. Ex. ent. III*, pl. 29, fig. 1, 1780.

Bombyx argus, Fab., *Sp. Ins.*, p. 170, n° 17, 1781.
Attacus argus, Stoll, *Supp^t Cramer.*, pl. 27. fig. 1, 1787.
Eudaemonia uroarge, Hübner, *Verz. Bek. Schmett.*, n° 1586, 1822.

Envergure, mâle 6 cm. 1/2 ; femelle, 7 centimètres.

Patrie, Afrique équatoriale-occidentale ; Sierra-Leone.

Mâle. Longueur des prolongements à partir de la base de l'aile 12 centimètres, antennes brunes unidentées de 20 à 25 articles, pattes d'un rose jaunâtre pâle, excepté sur les tibias et les tarses qui sont d'un rose vif, corselet et abdomen de couleur rosée, plus claire sur l'abdomen. Couleur des ailes rose vineux, clair à la base, plus foncé et lavé de jaunâtre près de la rayure externe jusqu'à la marge. Sur les ailes supérieures, cette dernière rayure est formée d'une bande nébuleuse assez large, d'un rose presque blanc, surtout à ses deux extrémités et parallèle à la marge, celle-ci frangée de roux ferrugineux ; sur la zone médiane, trois petites taches circulaires jaunes, cerclées d'une ligne étroite noire : l'une tangente à la nervule intercostale, une autre à la base de cette dernière et la troisième plus près de la base de l'aile entre les nervures 2 et 3.

Les ailes inférieures ont 4 taches semblables, mais un peu plus grosses, le prolongement caudal est terminé par un élargissement de couleur jaune paille plissé sur ses bords et contourné.

Les palpes très développées sont de couleur rouge vineux, à dernier article long, cylindrique et incliné en bas. Sur les individus nouvellement éclos, on remarque une trompe de couleur jaune pâle ; elle est atrophiée sur les individus éclos depuis plusieurs jours.

Femelle. Antennes semblables à celles du mâle, les taches sur les ailes supérieures sont au nombre de 6, de grandeur irrégulière, mais ayant toutes leur centre diaphane ; la couleur des ailes est d'un rouge plus ocreux que chez le mâle avec leur base d'un rose clair légèrement lavé de jaune. Les prolongements sont un peu moins longs et la pointe moins arrondie, les ailes inférieures ne présentent que 4 taches jaunes.

Chrysalides nues, d'un brun noirâtre. Ce papillon n'est pas rare à Sierra-Leone, où on peut le capturer de décembre à mai.

Collection du Laboratoire.

2. **Eudaemonia argiphontes,** KIRBY, *Trans. Ent. Soc. London*, 1877, p. 20.

Eudaemonia argiphontes, Westwood, *Proc. Zool. Soc. Lond.*, 1881, pl. 13, fig. 1.

Eustera argiphontes, Maass. et Weym., *Beitr. Schmett.*, f. f. 63-64, 1881.

Envergure, mâle et femelle 7 cm. 1/2.

Patrie, Sierra-Leone.

Mâle. Longueur des prolongements 17 centimètres, voisin de l'espèce précédente, même forme des ailes, mais la marge est légèrement festonnée, avec rayure interne brune très foncée, oblique sur les ailes antérieures, la coloration normale est le brun roux, les prolongements sont bordés de brun sombre et leur partie médiane est complètement de cette couleur. Sur les ailes antérieures, 4 taches rondes, petites, à centre hyalin, bordées de jaune, puis de noir, ces 4 points presque en ligne droite; à côté de cette ligne de points et en bas existe une autre tache semblable plus petite; les ailes inférieures ont 5 points semblables plus petits et placés irrégulièrement.

Chez la femelle, les ailes supérieures ont 6 points hyalins cerclés de noir, irréguliers de grandeur et irrégulièrement placés; les ailes inférieures en ont 5.

La coloration de cette espèce est très variable, depuis le brun rosé vineux sombre, jusqu'au jaune d'ocre clair; dans ce dernier cas, la zone externe est presque blanche dans sa première moitié. Cette espèce est beaucoup plus rare que la précédente.

ACTIENS

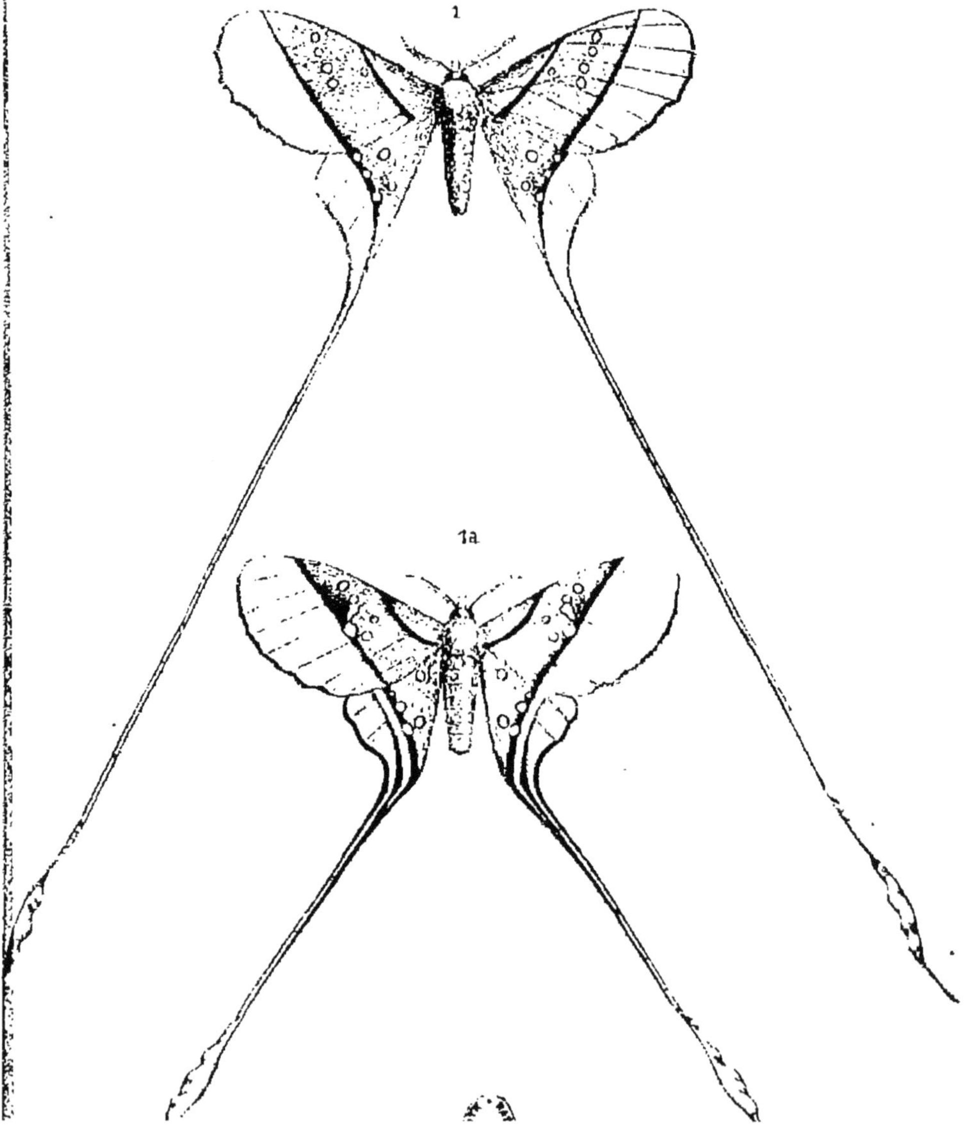

GROUPE DES ACTIENS

Tableau synoptique du genre et des espèces.

					Genre	Espèce	Auteur
Actiens	Corps épais et velu.	Taches centrales des ailes arrondies ou lenticulaires.	Antennes à barbules doubles et égales sur le même article, chez la femelle.		Argema.	*Maenas,*	Doubld.
						Dubernardi,	Oberth.
						Mittrei,	Guer-Men.
						Mimosae,	Boisd.
						Besanti,	Rebel.
			Antennes à barbules doubles, inégales chez la femelle.	Taches des ailes antérieures soudées à la côte.	Tropaea.	*Truncatipennis*	Nov. sp.
						Luna,	Linn.
				Taches des ailes antérieures non soudées à la côte. — Ailes antérieures bien falquées, pointues chez le mâle, moins chez la femelle.	Actias.	*Selene,*	Hubner.
						Sinensis,	Walk.
						Gnoma,	Butl.
						Felicis,	Oberth.
						Aliena,	Butl.
						Artemis,	Bremer.
				Taches des ailes antérieures non soudées à la côte. — Ailes antérieures non falquées chez le mâle, convexes chez la femelle.	Graëllsia.	*Isabella,*	Graëls.
		Taches centrales des ailes anguleuses.			Copiopteryx.	*Semiramis,*	Cramer.
						Jehovah,	Streck.
						Decerto,	M. et W.
	Corps grêle. Taches multiples.				Eudæmonia.	*Brachyura,*	Drury.
						Argiphontes,	Kirby.

Troisième Groupe. — **SATURNIENS** *proprement dits.*

Groupe comprenant un grand nombre de genres. L'inconstance de certains caractères tirés de la nervulation des ailes chez certaines espèces affines, nous a amené à ne pas accorder une importance très grande au point de naissance ou à l'écartement de certaines nervures, ce qui revient à dire qu'il faut se contenter de caractères généraux, puisque les caractères absolus n'existent pas.

L'importance que certains lépidoptéristes semblent accorder aux caractères que présentent les larves, ne nous paraît pas non plus devoir servir de base à une bonne classification, car là encore, et bien plus que dans les caractères propres aux insectes parfaits, nous nous heurtons à des exceptions ou à des modifications plus nombreuses encore.

Dans la seule famille des Saturnides, dont on ne connaît pas encore la moitié des chenilles, nous trouvons des espèces très voisines, comme papillon et comme mœurs, avoir des chenilles complètement différentes; nous trouvons dans cette famille des chenilles glabres, d'autres très velues, des chenilles aplaties et d'autres cylindriques, d'autres à tête démesurément grosse et d'autres chez qui elle est minuscule, etc.

Il nous paraît plus logique, sans toutefois négliger d'une manière absolue les premiers états d'un être, de le considérer à son état parfait, époque de sa reproduction, qui représente toujours dans la nature, le point culminant de la vie, le plus brillant et le plus complet. Le rôle d'une classification est d'être seulement utile, car la plasticité indéfinie de la nature ne se prête pas à des cadres rigides, et, à part certains rares groupes homogènes, dont les caractères communs sont constants, il faut toujours s'attendre à trouver chez des espèces, même voisines, des dissemblances de caractères telles que toute formule absolue ne saurait parvenir à grouper.

Les Papillons de ce genre comprennent tous les Saturnides dont les ailes ont la cellule centrale fermée par la nervule intercostale et dont les ailes inférieures n'ont pas de prolongements accompagnés par la nervure anale. Certains genres de ce groupe ont bien des prolongements sur ces ailes, mais ils sont alors latéraux, c'est-à-dire que lorsque l'insecte a les ailes ouvertes, les prolongements sont perpendiculaires ou obliques à l'axe

NERVULATION DES AILES CHEZ LES SATURNIENS PROPREMENT DITS

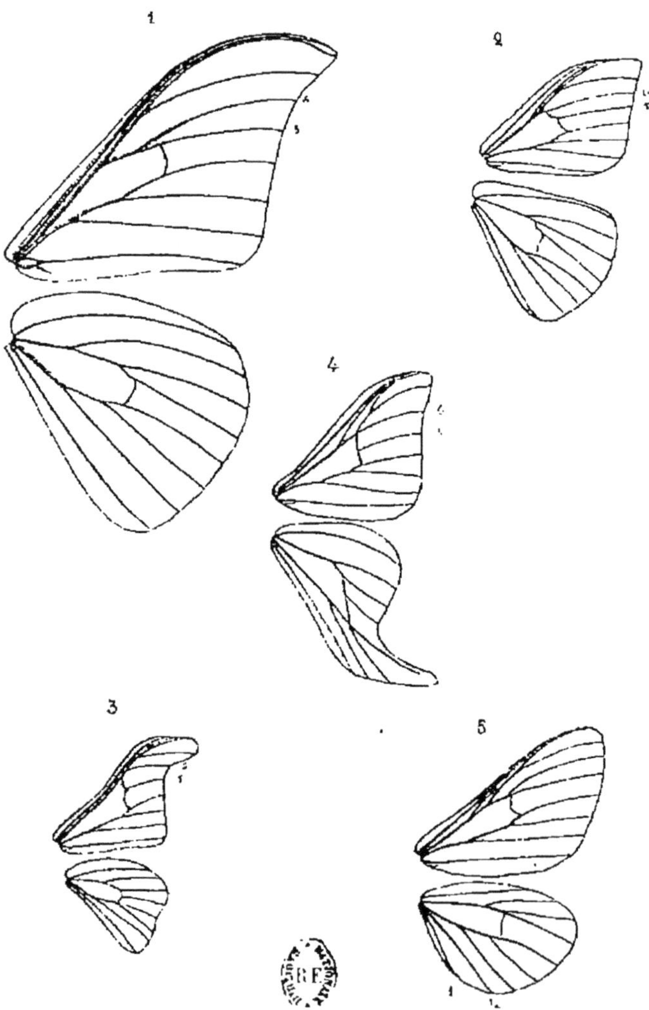

Fig. 1. Nervulation des ailes dans la section des *Antheraea* et *Gynanisa*.
— 2, 3. — — — *Aglia*.
— 4. — — — *Eudelia*.
— 5. — — — *Hemileuca*.

du corps, au lieu de lui être parallèles comme dans les Actiens qui précèdent.

Tous ont des taches ocellées sur les ailes ou au moins sur l'une des deux.

Les genres *Pseudaphelia*, *Mira*, *Oxytenis*, *Teratopteris*, *Draconipteris* et *Carnegia*, placés par les auteurs parmi les Saturnides, rentrent dans notre famille des *Bombycides*, par leurs antennes à pectination simple et recouvertes de squamules sur la partie supérieure de leur tige, par l'absence sur leurs ailes de taches ocellées ou même simplement nébuleuses et enfin par la nervulation spéciale des ailes.

Quant au genre *Carthaea*, placé jusqu'à ce jour dans la famille des Saturnides, il n'appartient même pas à la tribu des Bombycines.

D'autre part, nous avons dû réunir sous le même nom générique diverses espèces séparées par quelques auteurs ; il ne nous paraît pas utile de fractionner outre mesure des genres qui ne sont pas formés d'un grand nombre d'espèces, quand il n'existe pas entre ces dernières des caractères suffisants pour les séparer ; nous croyons plus utile de laisser au mot de genre son idée de groupement, sans cela il n'y aurait pas de raison pour ne pas revenir à la nomenclature uninominale.

Pour l'intelligence du tableau suivant, consulter la planche XVIII.

Tableau pour le sectionnement des genres.

A. Une seule nervure anale aux ailes inférieures.
  B. Antennes à pectination double sur le même article chez le mâle.
    C. Nervures 5 et 6 formant à leur réunion un angle aigu . 1re section.
    CC. Nervures 5 et 6 formant à leur réunion un angle droit ou obtus.
      D. Taches des ailes vitrées . . . . 2e section.
      DD. Taches des ailes squameuses.
        auréolées sur les 4 ailes . . . . 3e section.
        auréolées sur les ailes inférieures seulement . 4e section.
  BB Antennes à pectination simple sur le même article chez les mâles. . . . . 5e section.
AA. Deux nervures anales aux ailes inférieures . . . . 6e section.

1re Section.

Les papillons de cette section ont tous les ailes ornées de taches plus ou moins vitrées et auréolées au moins sur les ailes inférieures.

La pectination des antennes est double et égale chez les mâles et généralement à dents inégales, peu ciliées chez les femelles. Les nervures 5 et 6 se rejoignent à angle aigu.

Cette section comprend un grand nombre de genres comme le montre le tableau suivant :

PREMIÈRE SECTION

Tableau des genres.

GENRES

A. Fond des ailes complètement recouvert de squamules.

- 1° Taches hyalines des ailes arrondies ou lenticulaires, auréolées sur les 4 ailes, traversées dans leur milieu par la nervure intercostale.
  - *a.* Rayure interne brisée interrompue.
    - 1° Ailes inférieures à contour anguleux ou dentelé . . . *Telea.*
    - 2° Ailes inférieures à contour arrondi . . . . *Antheraea.*
  - *a a.* Rayure interne sinueuse non interrompue . . . . . *Sagana.*
- 2° Taches hyalines des ailes arrondies ou lenticulaires, non traversées dans leur milieu par la nervure intercostale.
  - *a.* Rayure externe formée d'une seule raie ou de plusieurs contiguës.
    - *b.* Taches auréolées sur les 4 ailes . . . . *Nudaurelia.*
    - *b b.* Taches auréolées sur les ailes inférieures seulement.
      - *c.* Ailes inférieures arrondies chez les 2 sexes . . . *Bunaea.*
      - *c c.* Ailes inférieures avec une saillie pointue latérale chez le mâle.
        - 1° Anneaux colorés multiples autour de la tache . . . . *Imbrasia.*
        - 2° Un seul anneau . . . . *Cirina.*
  - *a a.* Rayure externe formée de 2 raies, non contiguës et généralement en festons
    - 1° Nervure sous-costale normale
      - *a.* Taches auréolées. . . . . *Synthcrata.*
      - *a a.* Taches non auréolées . . . . *Rhodia.*
    - 2° Nervure sous-costale, s'éloignant dès la base de l'aile, de la costale pour la rejoindre brusquement un peu au delà du milieu. . . . . *Tagoropsis.*
- 3° Taches hyalines de formes irrégulières.
  - 1° Auréolées sur les 4 ailes . . . . *Salassa.*
  - 2° Non auréolées et multiples, au moins sur les ailes supérieures. . . . . *Crioula.*
- 4° Taches hyalines des ailes à peine visibles auréolées.
  - 1° Taches à contour arrondi . . . . *Perisomena.*
  - 2° Taches à contour anguleux . . . . *Læpa.*
- 5° Taches hyalines des ailes étroites arquées sur les 4 ailes.
  - *a.* Partie hyaline au centre d'un cercle de couleur sombre, arqué de squamules blanc bleuâtre sur son côté interne, sur les 4 ailes.
    - *b.* Taches sensiblement égales sur les 4 ailes.
      - 1° Rayure externe en festons . . . . . *Saturnia.*
      - 2° Pas de rayures sur les ailes supérieures *Calosaturnia*
    - *b b.* Taches visiblement inégales . . . . . *Rhinaca.*
  - *a a.* Partie hyaline entourée d'un cercle sombre sur les ailes inférieures seulement . . . . *Caligula.*

A A. Fond des ailes semi-hyalin au moins sur une portion de sa surface . . . . *Ceranchia.*

1er Genre. — **Telea.**

Hübner, *Verz. bek. Schmett.*, p. 154, 1822?

Métosamia, Druce, *Ann. Nat. Hist.*, 1892, p. 276.

Caractérisé par les ailes inférieures anguleuses et quelquefois à marge dentelée, des antennes longues et très plumeuses chez les mâles, à dents, inégales et plus courtes chez la femelle; la tache ocellée des ailes inférieures se trouve enveloppée d'une tache noire qui s'étend, à son côté interne, sur une partie de la cellule médiane de l'aile, mais sans atteindre la base de cette dernière, cet élargissement du noir de sa tache est surtout remarquable chez les femelles; la rayure interne sur l'aile supérieure est brisée dans son tiers supérieur.

Toutes les espèces de ce genre sont de l'Amérique du Nord et centrale.

1. **Telea Polyphemus**, Cramer *(Attacus P.)*, *Pap. exot.*, pl. V. AB., 1775.

Bombyx Polyphemus, Fabr., *Sp. Ins.* 11, p. 168, n° 5, 1781.

Envergure mâle 14 centimètres ; femelle 15 cm. 1/2.

Patrie, Amérique du Nord.

Mâle. Couleur générale, fauve plus ou moins teinté de rose, côte antérieure brune parsemée de poils gris, avec collier antérieur du thorax de même couleur; corps de la couleur foncière; antennes gris brun. Sur les ailes supérieures la rayure interne est brisée et formée de deux raies contiguës : l'interne blanc rosé, l'externe brun rouge quelquefois liséré de noir; rayure externe, rapprochée et sensiblement parallèle à la marge formée de deux lignes contiguës : l'interne brun noir, terminée vers la côte antérieure par deux petites taches de cette dernière couleur, triangulaires et superposées : la supérieure contiguë à la côte est la plus petite, l'inférieure est plus large et plus nébuleuse à son côté externe, elle est limitée de ce côté par un espace d'un blanc rosé; la marge est finement lisérée de brun. Zone médiane fauve à son côté interne chargée de squamules brunes et de squamules gris rosé vers la côte antérieure et vers la rayure externe; une fascie médiane nébuleuse, transverse, au delà et tangente à la tache, non chargée de squamules brunes et grises;

ocelle de l'aile supérieure lenticulaire avec centre hyalin traversé par la nervule, cette lentille hyaline entourée d'une ligne jaune puis d'une noire, au côté interne de la ligne noire se remarque un arc de squamules blanc bleuâtre. Les ailes inférieures sont à contour anguleux, zone interne fauve clair, médiane un peu plus chargée de squamules noires que la zone correspondante sur les autres ailes; zone externe étroite fauve; rayure interne formée de deux lignes étroites, l'interne rouge, l'externe blanc; rayure externe formée de deux lignes également, l'interne large noire, sensiblement parallèle à la marge, légèrement festonnée, l'externe large, d'un blanc rosé, plus fortement festonnée extérieurement. La tache de ces ailes est comme sur l'aile supérieure, mais la partie comprise entre cette tache et la rayure interne, limitée en haut par la nervure 5 et en bas par la nervure 4, se trouve d'un noir profond saupoudré de squamules bleuâtres près de la tache, moins fortement au delà, le contour de cet ensemble est d'un noir profond qui s'atténue aussitôt pour se fondre avec la couleur du fond de l'aile. Le dessous des ailes est fortement lavé de teinte rosée et les parties noires du dessus des ailes sont représentées de ce côté par du brun vif; les taches vitrées sont comme sur le dessus, mais la large traînée noire de la tache inférieure n'est pas représentée.

Femelle. Plus grande, de coloration généralement plus claire, antennes fauve clair, taches vitrées rondes et plus grandes, l'ensemble est généralement moins teinté de rose.

Larve, de couleur vert clair au premier âge avec six rangées de tubercules charnus de couleur orangée, les deux rangées supérieures avec les tubercules plus gros surmontés chacun de cinq ou six poils épais et transparents, les tubercules du premier segment jaune clair, tête de couleur cuir unicolore avec la base du labre et des antennes de couleur jaune, stigmates noirs, ces derniers deviennent rouges au deuxième âge, la base des deux rangées de tubercules dorsaux devient d'un doré brillant, les pattes écailleuses sont de couleur fauve; un bourrelet d'une belle couleur lilas vif borde la plaque anale limité antérieurement par le dernier tubercule orangé de la rangée médiane. Au troisième âge et jusqu'à la transformation en chrysalide, la couleur foncière reste la même, mais sur les sept avant-derniers segments se remarque une ligne étroite d'un jaune citron qui réunit sur chaque segment les tubercules de la rangée médiane à ceux de la rangée inférieure, cette ligne étant tangente aux stigmates; les pattes membraneuses sont lisérées de jaune à leur extrémité et les ventouses sont de couleur

SATURNIENS

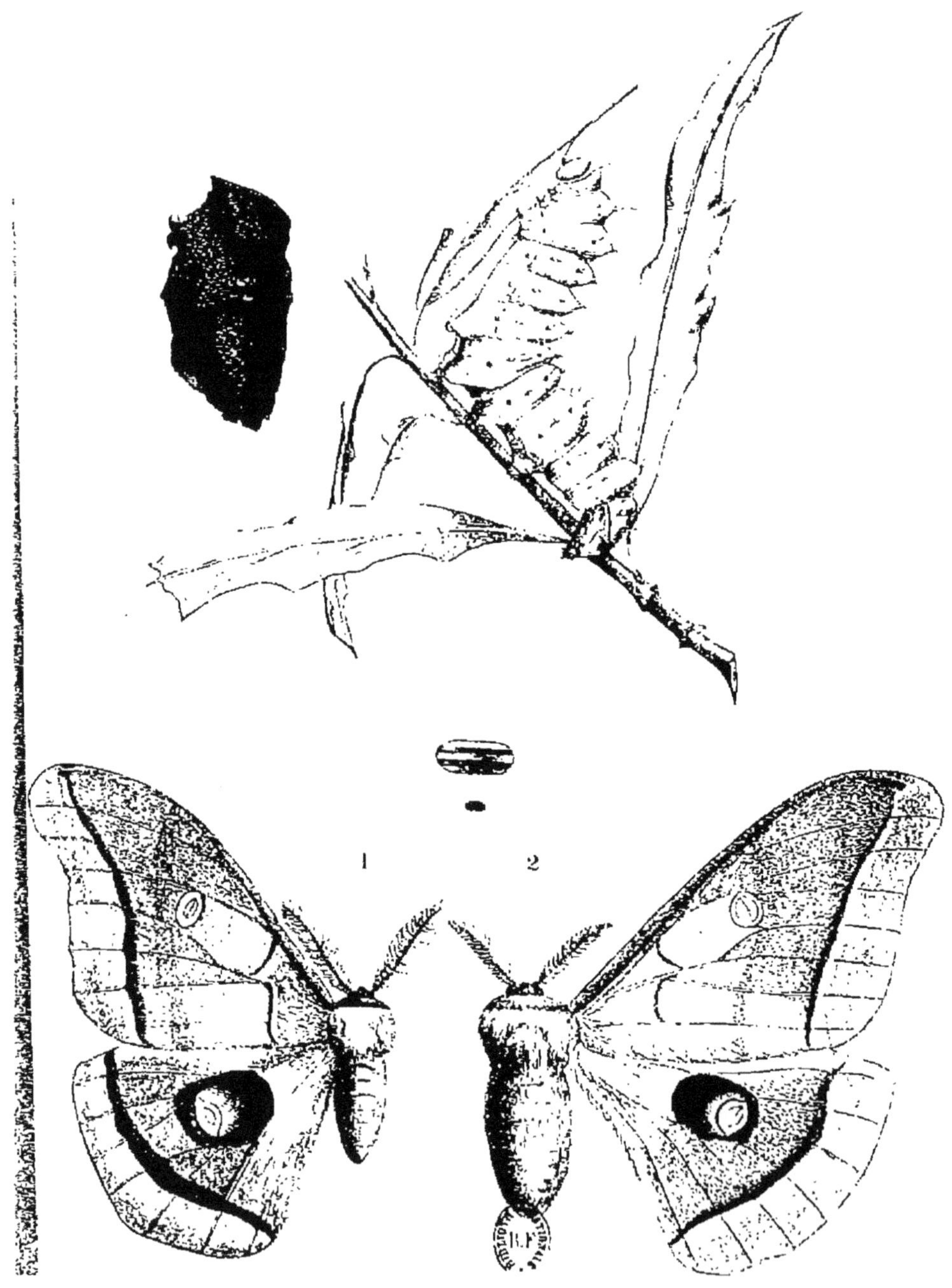

vert foncé, en même temps la base de tous les tubercules devient d'un beau doré métallique brillant.

Cette larve se nourrit sur le chêne ordinaire, le Laboratoire en a fait plusieurs éducations sur le chêne Fellos de l'Amérique du Nord que ces chenilles semblent préférer, mais elles sont très polyphages et, à défaut de ce dernier, on peut les élever très facilement sur notre chêne commun et au besoin sur le peuplier, le noisetier, le bouleau, l'aubépine et le saule.

Les œufs, en ellipsoïde aplati, sont entourés de deux anneaux parallèles d'un brun rougeâtre.

Cocons d'un gris blanchâtre, d'un tissu serré, entourés de feuilles, mais généralement appuyés et fixés contre une brindille résistante ; c'est le meilleur séricigène de l'Amérique du Nord, la soie qu'on en obtient. rivalise avec celle du tussah de la Chine, d'une filature facile, l'élevage de cette espèce mériterait d'être encouragé.

2. **Telea Aurelia**, Druce, *Ann. Mag. Nat. Hist.* (6), IX, p. 278, 1892.

Biologia Centrali Americana, liv. 138, p. 423, pl. 83, fig. 3, 1897.

Envergure, 12 centimètres.

Patrie, Mexique.

Nous n'avons pas vu le type de cette espèce, nous donnons donc la description et la figure d'après M. Druce, mais nous supposons que ce n'est qu'une aberration locale de *T. Polyphemus*, dont la coloration plus pâle et les dimensions moindres ne sont peut-être pas des caractères suffisants pour constituer une espèce distincte. Il est à remarquer aussi que les espèces communes à l'Amérique du Nord et à l'Amérique centrale sont toujours de taille plus petite dans cette dernière patrie.

Mâle. Couleur foncière des ailes de couleur jaune pâle; ailes antérieures traversées, de la côte antérieure au bord inférieur, par une très large bande noire festonnée sur ses deux côtés et bordée d'écailles roses et blanches, la côte antérieure est saupoudrée d'écailles blanches de la base jusque près du sommet, vers l'apex se trouve une raie rose vif à son côté externe, blanchâtre dans son milieu et surmontée d'un point noir contigu à la côte. Un large point hyalin bordé de fauve rougeâtre, puis largement entouré de noir, la moitié basale de cet anneau noir est très fortement saupoudrée d'écailles bleuâtres, une ligne étroite, droite, fauve, s'étend de la côte antérieure près de l'apex au bord inférieur, parallèle à la marge.

Les ailes inférieures ont la partie centrale d'un noir profond, un large point hyalin au centre, bordé de fauve rougeâtre, puis de noir ; cette dernière couleur saupoudrée à son côté interne d'écailles bleues, la ligne fauve des ailes supérieures est aussi parallèle à la marge. Le dessous est de couleur fauve pâle, fortement chargé d'écailles blanches, avec les marques du dessus reproduites en brun plus sombre. Tête et jambes brun sombre; collier antérieur du thorax blanc grisâtre en avant et brun foncé en arrière.

3. **Telea Montezuma**, SALLÉ, *Metosamia Montezuma*, Druce, *Biol. centr. Amer.*, fasc. 139, pl. 84, fig. 3.

Envergure, mâle 17 centimètres.

Patrie, Mexique.

Mâle. Couleur générale variant du fauve clair au fauve brun, ailes antérieures falquées et dentelées, inférieures présentant un lobe très saillant à l'extrémité du bord antérieur, la marge de ces ailes se trouve aussi fortement dentelée sur tout son pourtour au-dessous de cette saillie jusqu'au bord anal.

Les ailes supérieures ont la rayure interne brisée, rose intérieurement, brune extérieurement; l'externe, très rapprochée de la marge est légèrement festonnée entre les nervures, peu large et d'un brun noirâtre; entre la dernière nervure et l'apex se remarque une rayure oblique d'un rouge vif, s'atténuant en se rapprochant de la côte, cette dernière de la couleur foncière, mais fortement chargée de poils blancs grisâtres ; tache hyaline presque ronde, largement cerclée de jaune, puis d'une ligne noire, celle-ci épaissie à sa moitié interne qui est recouverte en partie par un arc de squamules bleuâtres.

Ailes inférieures avec rayure externe large, surtout dans son milieu, noire, avec vestiges de ligne festonnée parallèle et contiguë à son côté interne, la tache hyaline est ronde et très petite, entourée d'une large bordure jaune et le tout encadré dans un espace chargé de squamules noires, la portion interne de la bordure jaune est ornée d'un arc de squamules bleues.

Nous en donnons le dessin d'après le spécimen du Museum de Paris.

SATURNIENS

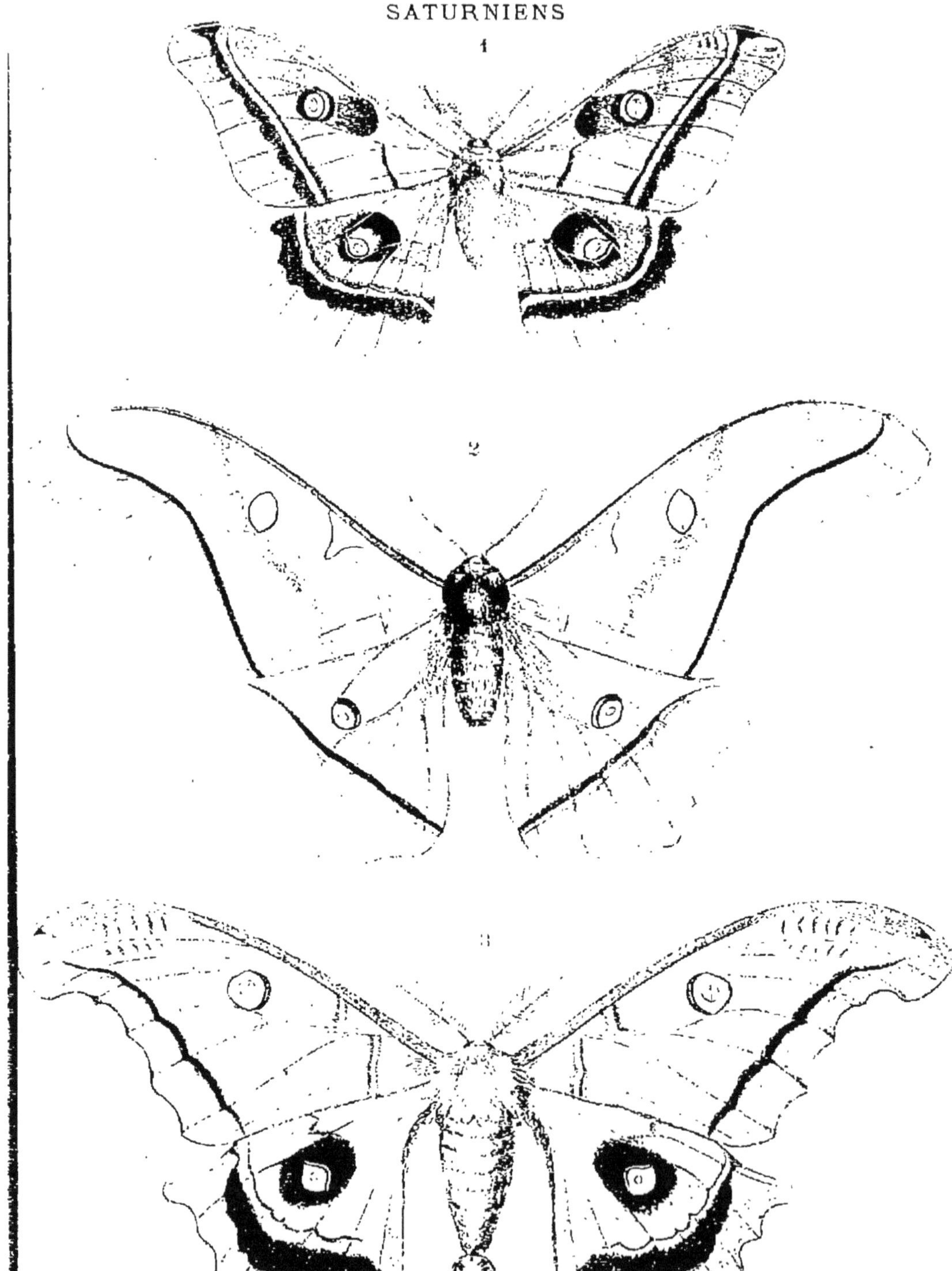

4. **Telea Godmani**, Druce *(Metosamia G)*, *Ann. & Mag. Nat. Hist.* (6) IX, p. 277, 1892, *Biol. centr. Amer.*, liv. 138, p. 424, pl. 83, fig. 4, 1897.

Envergure, mâle 17 centimètres ; femelle 18 cm. 1/2.

Patrie, Mexique (Oaxaca, Jalapa), Guatemala.

Mâle. Couleur foncière, orangé brun brillant, uniforme ; ailes antérieures avec la côte d'un brun grisâtre, fortement parsemée de poils blancs ; la rayure interne d'un blanc rosâtre, brisée, la portion supérieure en forme de triangle, l'inférieure rectiligne; tache hyaline ovale, assez grande, liserée d'un anneau jaune puis d'un autre plus mince noir ; rayure externe sensiblement parallèle à la marge, étroite, noire, bordée extérieurement de squamules rosées. Sur les ailes inférieures, la rayure externe est presque rectiligne et traverse l'aile un peu au-dessous de la tache vitrée, elle est comme sur l'aile supérieure, mais plus largement bordée de rose dans ses deux tiers inférieurs; tache hyaline petite, ovalaire, liserée de jaune, puis de noir, le noir du côté interne est plus large et présente dans son épaisseur un arc d'écailles bleuâtres.

Le mâle ne présente pas, comme dans les espèces précédentes, le large espace de coloration foncée enveloppant la tache de l'aile inférieure. Le dessous est d'un brun rougeâtre fortement saupoudré autour de la marge externe et de la base des secondes ailes, de squamules de couleur rosâtre et d'autres de couleur noire.

Tête, devant du thorax et base des épaulettes brun grisâtre parsemé de poils blancs, le reste du thorax, l'abdomen et les pattes sont d'un brun orangé vif. Antennes jaune pâle.

Le contour des ailes est moins dentelé que dans l'espèce précédente et le lobe des ailes inférieures moins arrondi.

Femelle. De couleur semblable, quoique un peu plus foncée que chez le mâle, la tache vitrée de l'aile supérieure est plus grande aussi, très ovalaire, les ailes à peine falquées et la rayure externe est par ce fait presque droite, elle est aussi plus fortement chargée de squamules rosées à son côté externe. Sur l'aile inférieure l'œil est accompagné d'une traînée de poussière noire sur son coté interne, rappelant faiblement celle que l'on remarque chez *T. Polyphemus*.

Le cocon de cette espèce est brun, pédonculé, très soyeux et la dimension moyenne est de 4 1/2 sur 2 1/2.

Collection de M. Staudinger et Muséum de Londres.

2me GENRE. — **Antheraea**.

HÜBNER, *Verz.*, p. 152, 1818.

Sur les ailes des taches hyalines arrondies et auréolées d'anneaux diversement colorés, offrant toujours sur leur côté interne un arc de squamule blanc bleuâtre qui se détache sur un anneau de couleur foncée. La rayure interne des ailes est brisée et interrompue chez le plus grand nombre des espèces et la rayure externe oblique par rapport à la marge est plus rapprochée de cette dernière vers l'apex qu'elle ne l'est sur le bord inférieur de l'aile; cette rayure est droite ou très faiblement festonnée.

Ailes inférieures arrondies dans les deux sexes, les supérieures falquées, à extrémité généralement arrondie chez les mâles.

Palpes peu visibles, sauf le dernier article qui est seul apparent.

C'est à ce genre qu'appartiennent les producteurs de soie dite Tussah, dont la consommation industrielle prend chaque jour plus d'importance. Les cocons de plusieurs espèces sont d'un dévidage facile et très riches en matière soyeuse. Nous avons dû éliminer de ce genre les espèces africaines classées jusqu'à ce jour sous le nom d'*Antheraea*, pour ces dernières nous adopterons le nom proposé par M. W. Rothschild, de *Nudaurelia*. Notre genre *Antheraea* ne comprend que les espèces de l'Asie, de l'Océanie et de l'Amérique centrale.

ESPÈCES AUSTRALIENNES

1. **Antheraea Helena**, WHITE *(Saturnia H.)*, *Ann. Nat. Hist.* XII, p. 344, n° 7, 1843.

Antheraea Helena, Walk. *Cat. Lep. Het. B. M.*, p. 1253, n° 18, 1855.
Saturnia Pluto, Boisd., *in. litt.*
Caligula Helena, Kirby., *Cat. Syn. Lep. Heter.*, p. 761, 1892.

Envergure, mâle 12 centimètres; femelle 15 centimètres.

Patrie, Tasmanie, Nouvelle Galles du Sud.

Mâle. Couleur générale jaune brique; ailes antérieures : rayure interne

SATURNIENS

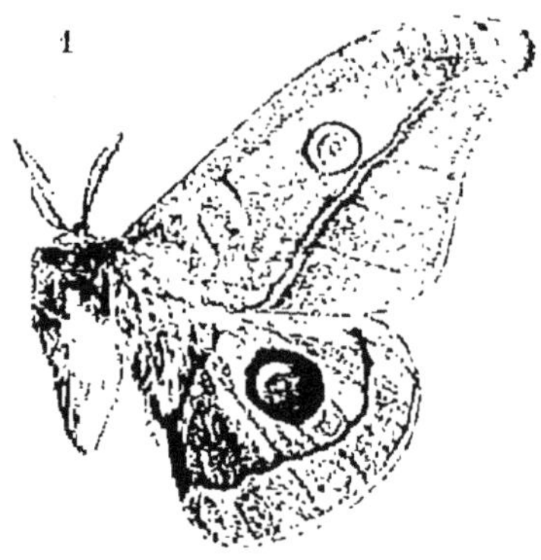

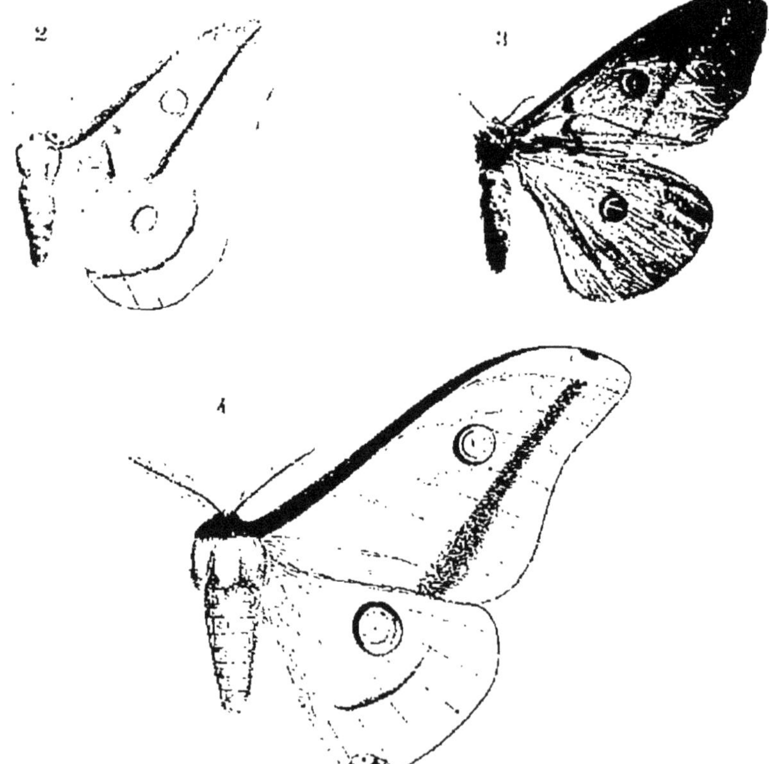

Fig. 1. *Antheraea Helena*, Walker (mâle).
— 2, 3. — *Simplex*, Walker (mâle et femelle)

brisée, formée de deux lignes contiguës, l'interne brun grisâtre, l'externe rouge vineux; rayure externe légèrement sinueuse; elle descend de la côte antérieure, près de l'apex, obliquement sur le milieu du bord inférieur, sans être tangente à la tache; elle est formée d'une ligne étroite d'un rouge vineux sur ses deux bords et blanc terne dans son milieu, la bordure vineuse externe est un peu plus forte que l'interne. Sur la zone médiane une tache vitrée lenticulaire très petite au milieu d'un cercle de la couleur du fond, quoique un peu plus rosé, celui-ci entouré d'un double anneau, le premier blanc dans sa moitié interne, jaune dans son autre moitié, le second rouge vineux dans sa moitié interne, brun sombre dans l'autre. La côte antérieure est d'un brun vineux parsemé de poils blancs près de l'apex et, contiguë à la côte, une petite tache noire ayant une traînée de squamules de même couleur, entre cette tache et l'apex un petit espace blanc rosé, l'apex, ainsi que la partie supérieure de la marge, d'un rouge vif ; une lisière de couleur fauve orne la marge. Sur les ailes inférieures la rayure externe ne présente qu'une ligne sinueuse d'un rouge vineux plus vif, lisérée de blanc, surtout près du bord anal; la tache vitrée de l'aile est entourée d'un cercle jaune, plus vif intérieurement, et orné d'un croissant de poils blancs, le tout entouré d'un large anneau noir.

Le dessous est de couleur un peu plus rosée, les rayures externes sont indiquées en brun rouge uniforme, les taches ocellées sont plus petites que sur le dessus, celle de l'aile supérieure est entièrement cerclée de blanc, puis d'une auréole assez large brun rouge foncé, celle de l'aile inférieure est également cerclée de blanc, mais elle est entourée d'un anneau mince brun rouge plus foncé à son côté externe.

Antennes fauve clair, corps de la couleur des ailes, un collier blanc jaunâtre en avant du thorax. Pattes plus foncées que le corps.

Femelle. Même coloration, mais souvent aussi d'un jaune plus terne, les ailes supérieures sont moins incisées et la taille plus forte.

Le cocon mesure 3 cm. 1/2 sur 2, en forme de barillet, de couleur brun jaunâtre, non pédonculé et fixé contre les petites branches des arbres. Cette espèce est assez commune.

Collection du Laboratoire.

2. Antheraea Eucalypti, *Scott. Austr. Lep.*, 1, p. 1, pl. 1, 1864.

Antheraea intermedia, Luc., *Proc. Linn. Soc., N. S. Wales*, 1890.
Caligula Eucalypti } Kirby. *Cat. Syn. Lep. Heter*, p. 761, 1892.
— Intermedia }

Envergure, mâle 12 centimètres ; femelle 15 centimètres.

Patrie, Nouvelle Galles du Sud.

Nous croyons que ce n'est qu'une race d'*Helena*, plus pâle et de forme un peu plus gracile, la coloration générale est le gris fauve clair, qui varie jusqu'au gris jaunâtre et au brun rosé.

Mâle. Rayure interne, brune extérieurement, blanc pur intérieurement; sur la brisure supérieure, la portion blanche forme un petit triangle contigu à la côte de l'aile, rayure externe gris pâle bordé de brun sur ses deux côtés, mais plus fortement sur le côté interne tangent à la tache; une petite rayure jaune d'ocre foncé, parallèle et très rapprochée de la marge, part d'un espace apical rosé jusque sur le bord inférieur de l'aile. Côte antérieure d'un blanc grisâtre parsemé de poils blancs.

Sur l'aile inférieure, la rayure externe est un peu moins sinueuse que dans *Helena*, et la zone externe présente une coloration jaune devenant insensiblement jaune d'ocre vif en se rapprochant de la marge; la frange est de la couleur foncière. Le dessous présente les mêmes particularités que celui de l'espèce précédente.

L'*Antherea intermedia*, Lucas, est en effet bien intermédiaire, car il est difficile de dire si l'on doit le rapprocher de l'espèce précédente ou de celle-ci que nous considérons comme une simple race locale d'*Helena*.

Cette variété nous semble cependant plutôt se rapprocher d'*Eucalyti* que de la précédente; les ailes sont légèrement plus pointues, de coloration brun rouge teinté de jaune, les taches un peu plus petites, la marge jaune. La femelle est de couleur jaune brique avec la rayure externe brun rouge, ondulée, lisérée de squamules rosées, puis d'une bande externe de poussière brune. Varie du brun rosé clair au jaune brique.

Collection du Laboratoire.

3. Antheraea Simplex, WALKER, *Cat. Lep. Het. B. M.*, p. 1356, n° 21, 1855.

Antheraea astrophela, Walk, *loc. cit.*. 1255, n° 19, 1855.
Opodiphtera varicolor, Wallengr. *Wien. ent. Mon.*, 1860, 1861.

Envergure, mâle 9 centimètres; femelle 9 cm. 1/2.

Patrie, Australie.

Mâle. Couleur des ailes jaune de chrome, plus foncé à la base que vers le bord externe; antennes fauves, côte et collier antérieur du thorax brun rougeâtre mélangé de poils gris; ailes supérieures légèrement arrondies non falquées; rayure interne brisée, brun rouge; externe presque rectiligne, oblique par rapport à la marge, de couleur brun rouge parsemée sur son côté externe de quelques squamules grises; sur la zone médiane une tache hyaline très mince, arquée, tangente à la nervule, dans un cercle jaune plus foncé que celui du fond de l'aile, ce cercle limité par un anneau mince arqué de blanc intérieurement, noir dans sa moitié externe, rouge dans sa moitié interne. Corps jaune un peu plus foncé que celui des ailes. Ailes inférieures très arrondies, rayure interne nulle ou presque nulle, externe plus faible que sur les ailes supérieures, tache ocellée plus ovalaire à anneau extérieur plus épais dans sa partie noire. Le dessous est d'un jaune plus pâle, la tache des ailes supérieures est plus visible que celle des inférieures, à l'extrémité de la zone médiane et contre la rayure externe se remarque un espace brun ferrugineux.

Femelle. Antennes moins larges que chez le mâle, mais à barbules doubles et égales.

La coloration générale est le brun jaunâtre ferrugineux, ailes supérieures un peu pointues à marge convexe, rayures comme chez le mâle, mais d'un brun plus noirâtre, externe plus chargée extérieurement de squamules d'un gris lilas, les taches ocellées à anneau extérieur plus accentué, corps brun. Cette espèce est la plus petite du genre.

Collection du Laboratoire.

4. Antheraea carnea.

Envergure, mâle et femelle 13 à 14 centimètres.

Patrie, Nord de l'Australie.

Couleur générale rouge jaunâtre à reflets vineux, uniforme; les antennes sont d'un fauve clair largement pectinées chez le mâle, un peu moins chez la femelle, mais à pectination double et égale. Ailes antérieures un peu pointues et falquées chez le mâle, un peu moins chez la femelle. Rayure interne nulle, externe formée d'une large bande peu densément et uniformément recouverte de squamules noires ne dépassant pas la nervure 7, au-dessus et, contiguë à la côte, une tache noire semiovalaire entourée de poussière blanche. Côte et collier antérieur du thorax noirâtre. Taches des ailes à centre hyalin très petit dans un cercle de la couleur foncière des ailes, arqué de blanc à son côté interne, puis enveloppé d'un anneau noir épais devenant plus mince et d'un rouge brun sur son côté externe. Sur l'aile inférieure, la rayure externe est très peu apparente.

Cette espèce nouvellement répandue dans les collections varie quelquefois de coloration, nous avons vu dans la collection de M. W. Rothschild toute une série de ces insectes présentant une coloration jaune orangée et la rayure externe, au lieu d'être complètement noire, est chargée à son côté externe de squamules blanc rosé, de plus cette rayure tend à se rejoindre à la côte, tandis qu'elle ne l'atteint pas dans le type. Des exemplaires de coloration intermédiaire et de rayures plus ou moins accentuées ne permettent pas de croire à une espèce différente.

ESPÈCES AMÉRICAINES

5. **Antheraea Chapata**, Westwood *(Saturnia C.)*, *Proceed. Zool. Soc. Lond.*, 1853, p. 162.

Antheraea Chapata, Druce, *Biol. Centr. Amer. Lep. Het.*, p. 185, pl. 19, fig. 1 (1886).

Copaxa Chapata, Kirby, *Syn. Cat. Lep. Het.*, p. 755, 1892.

Envergure, mâle 12 centimètres.

Patrie, Mexique.

Mâle. Couleur foncière rose fauve légèrement brunâtre; côte de l'aile antérieure et devant du thorax grisâtres; rayure interne sinueuse mal définie, tache ocellée ovale à centre vitré entouré d'un cercle de couleur rougeâtre à son côté interne, devenant graduellement jaune à son côté externe, ce cercle limité par un anneau étroit noirâtre, arqué de squamules blanches du côté interne; rayure externe dilatée dans sa partie supérieure en un petit espace noir triangulaire contigu à la côte; cette rayure est noire bordée extérieurement de squamules blanches.

Les ailes inférieures ont une teinte plus rosée avec rayure interne nébuleuse, l'externe festonnée entre chaque nervure est formée de deux lignes étroites, parallèles, brunes, l'externe de ces lignes fortement recouverte de squamules brunes qui se répandent plus ou moins sur la zone

SATURNIENS

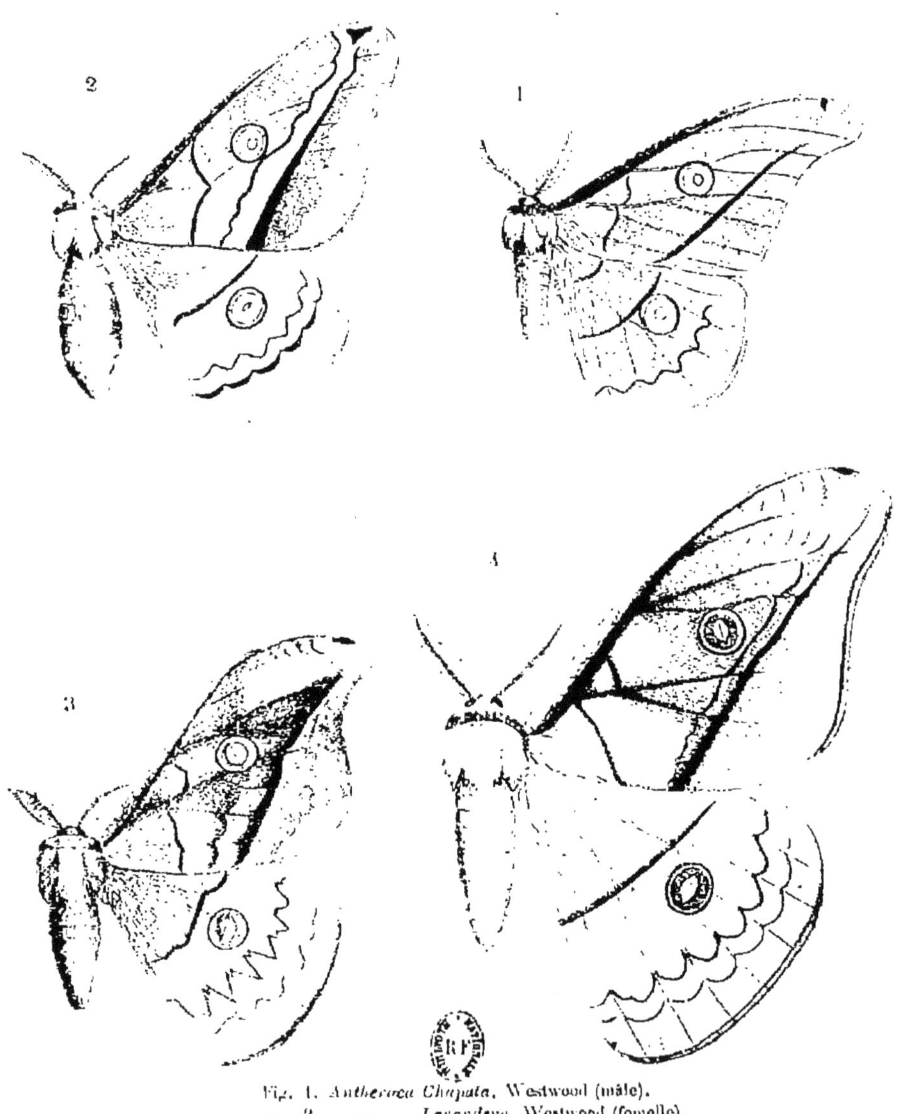

Fig. 1. *Antheraea Chapata*, Westwood (mâle).
— 2. — *Lavandera*, Westwood (femelle).
— 3. — *Canella*, Boisduval (mâle).
— 4. — *Simson*, Maass et Weym (mâle).

externe. Le dessous des ailes est plutôt cendré et la rayure interne est mieux marquée; une ligne nébuleuse sombre de couleur bronzée traverse les ailes en passant par les taches ocellées, ces dernières sont plus petites que sur le côté supérieur et la rayure externe n'est indiquée que par un feston mince de couleur sombre. Les antennes sont fauves.

Nous ne connaissions pas la femelle de cette espèce. M. Druce[1] dit qu'un de ses correspondants qui a élevé cet insecte l'informe que *A. Lavandera* (Westw.) est la femelle de *Chapata;* il doit certainement y avoir erreur, car nous avons vu au Muséum de Berlin les deux sexes de *Lavandera* parfaitement distincts de l'espèce qui nous occupe.

6. **Antheraea Simson**, Maassen et Weymer *(Copaxa S.)*, *Beitr. Schmett*, fig. 77, 1881.

Copaxa Simson, Kirby, *Syn. Cat. Lep.*, II. p. 754, 1895.
Copaxa syntheratoïdes, Druce, *Biol. Centr. Amér.*, pl. 80, fig. 5, 1867.

Envergure, mâle 18 centimètres.

Patrie, Panama.

Mâle. Couleur foncière jaune de chrome rougeâtre; ailes supérieures plus rougeâtres à la base devenant insensiblement fauves vers l'apex; côte et collier antérieur du thorax gris en avant, brun en arrière; rayure interne noirâtre, brisée, interrompue; sur la zone médiane, les nervures 2, 3, 4, 5 et 6 sont fortement et largement indiquées par des squamules brun noir qui les recouvrent; tache ocellée à centre hyalin, arrondi, dans un cercle brun, entouré d'une ligne jaune puis d'une autre ligne noire; au delà de la tache ocellée se remarque une ligne ondulée, oblique, parallèle à la rayure externe qui est brune et presque rectiligne; sur le côté externe de cette dernière se trouve un espace plus sombre qui envahit la moitié longitudinale de la zone externe; cette dernière est frangée de brun. Sur l'aile inférieure, la rayure interne est presque rectiligne et, au delà de la tache ocellée, deux lignes ondulées dont l'externe est lisérée de squamules blanches. Cette espèce, à part la taille, a de grandes affinités avec *A. Canella*.

Nous croyons que *Cop. Syntheratoides* n'est qu'une aberration presque unicolore de cette espèce.

Muséum de Berlin.

[1] *Biol. Centr. Amer.* 1886.

7. Antheraea Canella, BOISDUVAL, in. litt.
Copaxa Canella, Walk. *Cat. Lep. Het. B. M.*, p. 1236, n° 1, 1855.

Envergure, mâle et femelle 12 1/2 à 13 centimètres.
Patrie, Brésil.

Mâle. Antennes fauve clair, couleur générale variant du gris brun au brun rougeâtre plus ou moins doré; rayure interne brisée interrompue, brune; sur le milieu de la zone médiane se remarque une raie nébuleuse qui traverse l'aile, interrompue par la tache ocellée, elle est droite au-dessus de la tache, ondulée en dessous, tache subarrondie traversée par la nervule, auréolée d'un anneau jaune liséré d'une ligne étroite jaune puis d'une autre noire. La rayure externe part de l'apex et descend obliquement sur le bord inférieur atteignant celui-ci sur son milieu; cette rayure est brune marquée de squamules blanches, rares, à son côté externe, elle se termine vers l'apex par un empâtement ovale d'un noir profond à l'extérieur duquel se remarque une traînée de squamules blanches, puis l'espace apical qui est de couleur rougeâtre. Sur la zone médiane, les nervures 3, 4, 5 et 6 sont largement recouvertes de squamules brunes; zone externe ayant sa moitié longitudinale interne plus foncée. Côte antérieure et collier en avant du thorax gris clair parsemé de poils bruns. Ailes inférieures à rayure interne droite, externe formée de deux lignes en festons, l'interne brune non loin de la tache, l'autre près de la marge, brunâtre, recouverte de squamules blanches.

Les ailes antérieures sont très falquées et la côte bien arrondie près de l'apex, ce dernier assez pointu. La femelle est de coloration généralement plus claire, les antennes sont bipectinées à dents inégales non renflées et les ailes sont à peine falquées, l'ornementation est semblable.

Cocon réticulé à ouvertures régulières et petites, de couleur fauve, son extrémité supérieure se termine par des boucles soyeuses non enchevêtrées; dimension 4 1/2 sur 2 centimètres.

Collection du Laboratoire.

8. Antheraea decrescens, WALKER, *Copaxa D.*, *Cat. Lep. Het. B. M.*, p. 1237, 1855.

Copaxa decrescens, Maass et Weym. *Beitrag. Schmett.*, f. f. 44-45, 1873.
Attacus cydippe, Druce, *Biol. centr. Amer.*, liv. 130, pl. 83, fig. 2, 1897.
Copaxa Trotschi, Druce, *loc. cit.*, pl. 17, fig. 3, 1886.

SATURNIENS

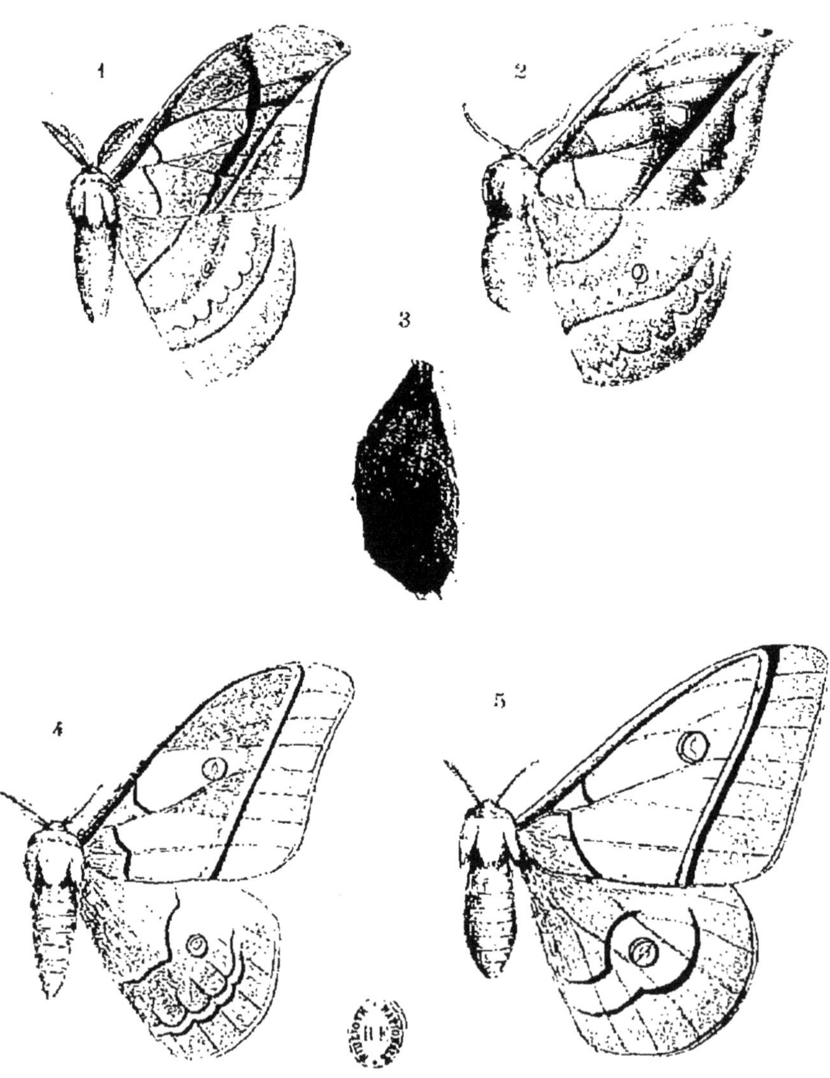

Fig. 1, 2, 3. *Antheraea decrescens*, Walker (mâle, femelle et cocon).
— 4, 5. — *Sciron*, Westwood (mâle et femelle).

Envergure, mâle 10 centimètres; femelle 10 cm. 1/2.

Patrie, Costa-Rica, Brésil, Panama, Colombie.

Mâle. De couleur fauve brun; la première moitié de la côte des ailes antérieures et le collier antérieur du thorax sont recouverts de poils blanc terne; ailes antérieures, rayure interne brune interrompue; externe, brune droite partant un peu au delà du milieu du bord inférieur et s'élevant obliquement jusqu'à la nervure 7, presque à la rencontre de celle-ci avec la marge; au-dessus et contiguë à la côte se remarque une tache triangulaire brune suivie d'une tache triangulaire apicale blanche; une ligne en festons parfois peu visible, parallèle à la rayure externe, se distingue entre cette dernière et la tache ocellée. La zone médiane est traversée par une fascie nébuleuse plus foncée, fortement arquée au-dessus de la tache vitrée et qui, au-dessous, se confond avec la ligne en festons; la base de la cellule humérale de l'aile est de couleur roux ferrugineux s'atténuant insensiblement jusque vers la tache, celle-ci lenticulaire lisérée d'une ligne étroite brune, puis d'une autre ligne de squamules jaunes. Zone externe chargée de squamules blanc terne, excepté une étroite bordure marginale brune. Ces ailes ont la côte antérieure très convexe et la marge fortement incurvée.

Ailes inférieures, même couleur que sur les supérieures, mais la ligne en feston est plus visible et les festons plus profonds; sur la zone externe les squamules blanches sont clairsemées et n'existent qu'aux alentours de la rayure externe; la tache hyaline est plus petite; elle est finement bordée de brun, puis d'un anneau jaune; antennes fauves pas très longues.

Femelle. De même couleur, mais un peu plus blanchâtre; les ailes antérieures sont à peine un peu moins échancrées que chez le mâle. La zone médiane présente sa portion antérieure de couleur claire, sauf les nervures qui sont recouvertes de squamules foncées; sa portion contiguë à la rayure interne est fortement chargée de poils blancs, la ligne festonnée n'est visible qu'au-dessous de la tache, cette dernière subpentagonale lisérée de brun, puis d'une ligne étroite jaune sur son contour externe et qui devient blanche sur le côté interne.

Zone externe traversée longitudinalement par une fascie sinueuse brune se fondant insensiblement jusqu'à devenir rose vers la rayure externe, le côté externe de cette fascie est rose terne devenant insensiblement brun vers la marge.

Ailes inférieures chargées de poils rose terne, sauf sur les rayures qui restent brunes, tache vitrée subovale, plus petite que celle de l'aile supérieure. Antennes fauves peu larges, bipectinées, mais à deuxième dent très courte.

Le cocon mesure 4 centimètres de longueur, sensiblement ovale, régulièrement ajouré, formé de peu de soie, ressemble à une poche de tulle, de couleur brune, laissant voir la chrysalide dans l'intérieur; il n'est pas fermé dans sa partie supérieure qui se termine en une pointe de soie raide et non réticulée.

Collection du Laboratoire.

Nous sommes autorisés à considérer *C. Trotshi*, Druce, comme une variété de cette espèce, parce que plusieurs spécimens que nous avons reçus d'Ibague, Colombie, sont tout à fait intermédiaires entre les deux types et qu'il nous est impossible de les rapporter à l'un plutôt qu'à l'autre.

Copaxa Trotschi, Druce, dont le type a été capturé à Panama, est de couleur brun rougeâtre saupoudré de squamules gris rosé. La côte des ailes antérieures est noire dans sa première moitié, la nervure 5, depuis la marge jusqu'à la côte de l'aile est recouverte de squamules plus foncées formant une rayure sombre traversant l'aile; rayure interne interrompue; externe brisée près de l'apex, une ligne sinueuse parallèle à cette rayure est visible entre la tache hyaline et le bord inférieur de l'aile; taches vitrées entourées d'un anneau étroit jaune clair. Tête et thorax grisâtres, antennes brun pâle, abdomen d'un brun rougeâtre pâle, segment anal grisâtre, patte brun rougeâtre pâle.

Elle se distingue de *Simson* type par sa taille plus petite, sa couleur plus sombre et par l'absence de marques noirâtres *(feathered)* sur les ailes antérieures.

Les spécimens de la Colombie que nous possédons présentent les caractères suivants :

Mâle, envergure 11 c. 1/2, couleur brun rougeâtre clair chargé de squamules jaune livide seulement sur la portion supérieure de la zone médiane des ailes supérieures ; les nervures 5 et 6 sont largement recouvertes de squamules brun noir, depuis la rayure externe jusqu'à la base de l'aile, ainsi que la nervure médiane depuis la base jusqu'un peu au delà de la rayure interne ; zone médiane saupoudrée de rose terne, rayure externe noire, légèrement courbée dans sa partie supérieure pour rejoindre l'apex ; taches hyalines petites, auréolées d'un anneau étroit jaune. La portion de l'aile contiguë à la côte est d'un brun plus clair et plus brillant que celui de la portion inférieure de l'aile. En dedans de la rayure externe existe une ligne brune très étroite, en festons dans sa moitié inférieure, presque rectiligne au-dessus mais s'incurvant pour rejoindre la côte de l'aile où elle s'élargit un peu en une tache rosée. Pareille tache existe très faiblement dans *C. decrescens*, type.

Les ailes inférieures sont de couleur analogue et la tache vitrée est minuscule.

Antennes fauve clair, thorax et abdomen de couleur brun rosé clair, collier antérieur du thorax et première moitié de la côte de l'aile brun foncé mélangé de poils blanc rosé.

L'*Attacus cydippe*, Druce, dont nous ne connaissons que la figure donnée par l'auteur ne nous paraît être qu'une variété minor de cette espèce.

9. **Antheraea Denda,** Druce *Ann. Mag. Nat. Hist.*, vol. XIII, p. 178, 1894.

Biologia Centrali Americana, pl. 80, fig. 2 et 3, 1897.

Envergure, mâle 10 centimètres; femelle 11 centimètres.

Patrie, Mexique (Orizaba).

Mâle. Couleur jaune citron. Ailes supérieures avec côte antérieure grisâtre dans ses deux premiers tiers, rayure interne sinueuse d'un brun rougeâtre, tache hyaline lenticulaire lisérée de gris sombre, rayure externe brun noirâtre droite et oblique descend de la côte antérieure près de l'apex sur le bord inférieur de l'aile qu'elle rencontre un peu au delà du milieu, entre cette ligne et la tache vitrée se remarque une ligne en festons parallèle à la rayure. Zone externe d'un jaune plus foncé rougeâtre: frange de la marge, jaune. Ailes inférieures avec rayure interne brun noirâtre, rayure externe ondulée avec une seconde ligne en festons entre elle et la tache ocellée, la zone externe ombrée de squamules grisâtres, frange jaune sombre. Le dessous est d'un brun pâle, toutes les ailes sont traversées par deux bandes brunes indistinctes. Tête, thorax et abdomen jaune, collier antérieur du thorax brun grisâtre, antennes brun pâle, pattes brun rosé.

Femelle. Semblable, mais de couleur plus sombre avec toutes les marques d'ornementation beaucoup plus noires.

10. **Antheraea Lavendera**, Westwood (*Saturnia L.*), *Proceed. Zool. Soc. Lond.*, 1853, p. 160, pl. 32, fig. 3.

Copaxa Lavandera, Maass. et Weym. *Beitr. Schmett.*, fig. 78, 1881.
— Plenkeri, Feld. *Wien. ent. Mon.*, IV, p. 112, pl. 1, fig. 3, 1860.

Envergure, 12 centimètres.

Patrie, Mexique.

Mâle. Antennes fauve clair; ailes supérieures arrondies au sommet, légèrement falquées, couleur générale jaune de chrome saupoudré de squamules brunes. Les rayures sont d'un brun rouge, la zone externe est teintée de rougeâtre; rayure interne lisérée extérieurement de blanc; la moitié basale et longitudinale de la zone externe est saupoudrée de cette dernière couleur; marge frangée de brun; sur la côte antérieure, près de l'apex existe une tache allongée noire bordée de blanc extérieurement. La rayure interne de l'aile inférieure est tangente à la tache, et la deuxième ligne en festons de la rayure externe est saupoudrée extérieurement de squamules blanches. Ce papillon a la forme de *Canella*, mais la coloration est bien différente, les ailes sont aussi moins échancrées et les taches des ailes inférieures sont plus grandes.

Femelle. De couleur jaune plus ou moins doré, fortement saupoudrée d'écailles noirâtres. Côte et devant du thorax gris. Ailes antérieures un peu moins falquées que chez le mâle; elles sont plus foncées près de la base et le long de la côte; rayure interne noirâtre, sinueuse; tache vitrée cerclée d'un anneau rose rougeâtre et d'un anneau extérieur étroit, noir; entre cette tache et la rayure externe se remarque une ligne ondulée oblique, brune, partant de la côte antérieure et aboutissant sur le milieu du bord inférieur; rayure externe oblique, brune, succédée extérieurement par un large espace brun rougeâtre saupoudré d'écailles grises, cet espace profondément dentelé du côté de la marge; sur la côte, près de l'apex, un point noir ovale ou triangulaire. Ailes inférieures foncées vers la base; comme dans le mâle, la rayure interne est tangente à la tache, cette dernière plus large que sur les autres ailes, au delà de l'ocelle est une première ligne en festons noirâtres, suivie à une courte distance d'une seconde ligne moins fortement colorée, mais formant entre chaque nervure des surfaces triangulaires, nébuleuses sur leurs bords, rougeâtres. Le Musée de Berlin possède les deux sexes de cette espèce, le mâle doit être beaucoup plus rare que la femelle, car nous ne l'avons vu que dans cette collection.

ESPÈCES ASIATIQUES

11. **Antheraea Sciron**, WESTWOOD, *Proc. Zool. Soc. Lond.*, 1881, pl. 12, fig. 3.

Antheraea Monacha ♀ Maassen } *in. lit.*
— Aenionia ♂ —

Envergure, mâle 11 à 12 centimètres; femelle 14 centimètres.

Patrie, Nouvelle Guinée, ile des Andamans.

Mâle. Antennes fauve clair, pas très larges à derniers articles impectinés. Côte antérieure et collier en avant du thorax d'un fauve gris. Couleur générale des ailes fauve brun ; rayure interne brisée d'un brun rougeâtre bordé intérieurement de fauve plus clair que celui du fond; zone médiane parsemée de poils de couleur fauve gris, excepté sur la portion occupée par la cellule humérale et en dessous de la nervure 1 ; rayure externe formée de deux lignes parallèles, l'interne très mince, brune, l'externe plus épaisse de même couleur, l'espace étroit compris entre ces deux lignes est de coloration rose terne, l'espace apical de la zone externe est de cette dernière couleur, la marge frangée de fauve clair. Tache ocellée petite, contre hyalin lenticulaire dans un cercle rouge dans sa moitié interne, jaune dans l'autre moitié, ce cercle liséré d'une ligne brune sur laquelle on remarque un arc de squamules blanches sur sa moitié interne. Les ailes inférieures ont la rayure interne un peu sinueuse, l'externe, de même coloration que sur l'aile supérieure, est festonnée, la tache a son anneau brun externe, très épaissi et plus foncé sur son côté extérieur. Dessous plus grisâtre, la rayure externe apparaît festonnée sur les deux ailes, les taches hyalines sont encadrées dans un cercle rougeâtre, liséré de squamules blanches.

Femelle. Unicolore, sauf les paraptères bordés de fauve et la partie postérieure du thorax, varie du brun gris rosé au gris brun jaunâtre ; les ailes ne sont pas falquées, antennes rougeâtres.

Collection de M. le Dr Staudinger.

12. **Antheraea Assamensis**, HELFER *(Saturnia A.)*, Journ. As. Soc. Beng. VI, p. 43, n° 8, 1837.

Saturnia Assama, Westw., *Cab. or. Ent.*, p. 41, pl. 20, fig. 2, 1848.
Antheraea Assama, Walk. *Cat. Lep. Het.*, B. M., p. 1240, 1855.

Caligula Assamensis, Kirby, *Syn. Cat. Lep. Het.*, 1892.
Antheraea Mesankoorla, Wardle, *Wild Silks*, p. 5.

Envergure, mâle 13 centimètres ; femelle 14 centimètres.

Patrie, Nord de l'Inde.

Couleur variant du brun ocreux au brun châtain sombre ; taches ocellées des ailes antérieures jaune brun cerclé de noir, le cercle plus épais à son côté interne ; sur les ailes inférieures, ce cercle est encore plus épais et sa couleur noire envahit presque la moitié de la tache ; le centre hyalin des taches est très petit, semi-lenticulaire ; rayure interne brun foncé, externe formée de deux lignes brunes parallèles non ondulées, séparées et bordées extérieurement de gris chez la femelle ; chez le mâle, ces squamules grises n'existent pas, mais la zone externe est de couleur brun jaune clair. Les pattes sont de la couleur du corps. Dans cette espèce, la femelle a les antennes à barbules doubles, égales sur le même article et non renflées à leur extrémité, ce qui est une exception dans cette section. Côte antérieure des ailes brune, densément parsemée de poils jaunes, un collier antérieur de la même couleur en avant du thorax. Le mâle a les ailes un peu pointues vers l'apex et très falquées ; chez la femelle, la falcature est à peine sensible.

Une variété assez fréquente de cette espèce présente les caractères suivants :

Le mâle varie du jaune rouge ferrugineux au brun pourpré foncé, chez ces derniers spécimens la côte antérieure se détache d'une façon très nette par sa blancheur relative, les taches sur les ailes sont d'un brun plus rouge, et la zone externe est recouverte de squamules d'un blanc rosé, tandis que la lisière de la marge est d'un rouge brun.

La femelle n'atteint jamais une couleur aussi foncée, du moins dans les nombreux spécimens que nous avons été à même de voir.

La larve est brillante, jaune gris sombre, avec une raie brune et jaune sur les côtés, les stigmates noirs, tubercules épineux du dos rouge, tête et pattes brunes, extrémité des pattes verte, la paire anale avec un anneau noir latéral. Se rencontre dans l'Himalaya de Kangra à l'Assam, où ce papillon est connu sous le nom de Mooga ou Moonga d'Assam. Le cocon mesure 4 1/2 à 5 sur 3, de forme ovoïde, faiblement pédonculé, variant du gris blond au jaune chamois plus ou moins foncé. On les file dans les pays de production où ils produisent un tussah brun variant jusqu'au blond blanchâtre, d'une grande ténacité et d'un grand éclat.

Le papillon est multivoltin ; il est élevé en demi-domesticité dans

SATURNIENS

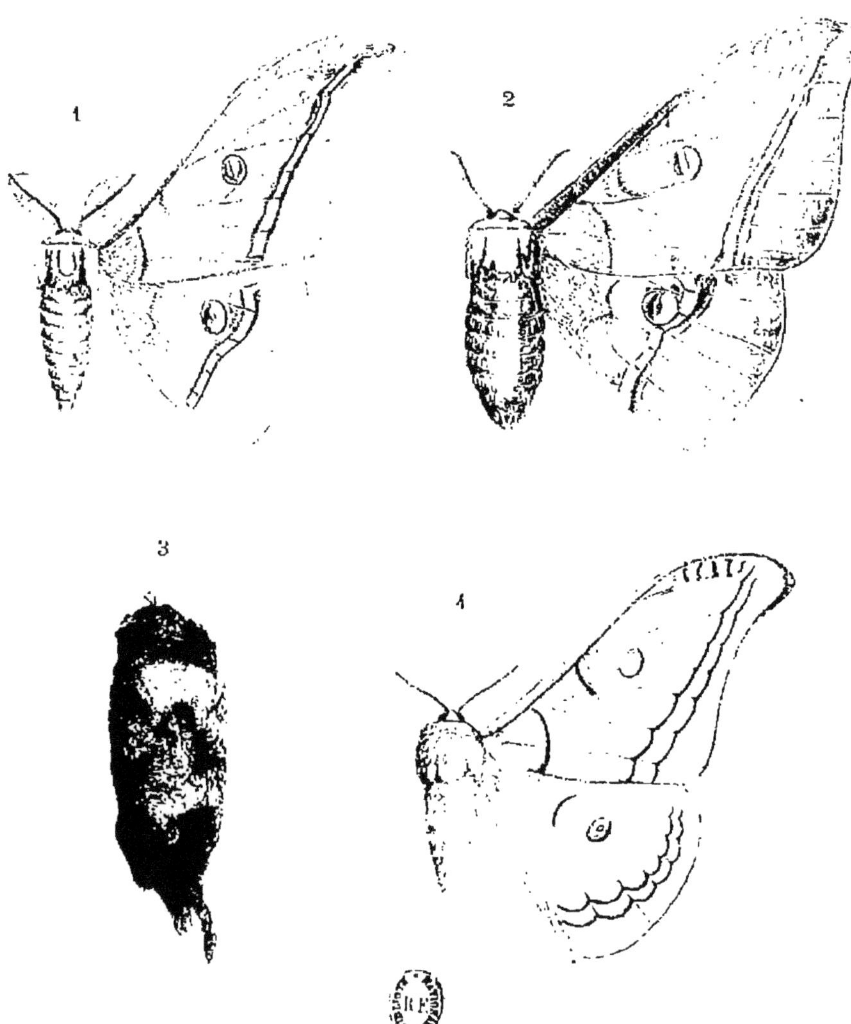

Fig. 1, 2, 3. *Antheraea Assamensis*, Helfer (mâle, femelle et cocon).

l'Assam, tantôt au grand air, dans des hangars appelés *tasars*, ou mieux encore en plein air sur les arbres dont les larves se nourrissent. Ces arbres sont : *Michelia campaca, Cinnamomum obtusifolium, Tetranthera monopetala*, *Machilus odoratissima*, etc.

D'après M. Natalis Rondot[1], auquel nous empruntons ces lignes, la qualité de la soie dépend et de l'époque à laquelle l'éducation a été faite et de l'arbre qui a servi à l'alimentation. L'éducation faite en janvier et en février, appelée *Jaroua*, et celle faite en avril et en mai (*Jethoua*) fournissent les meilleurs cocons. Les vers nourris sur le *Michelia campaca* filent la soie la plus fine et la plus blanche; la soie des vers nourris sur le *Machilus* est la plus fine des soies Mooga de couleur; elle est blonde ou de couleur chamois; la soie des vers nourris sur le *Tetranthera* est la moins estimée. Il n'est pas à notre connaissance qu'aucune éducation de cette espèce ait été essayée en France. D'après M. G.-F. Hampson, *Antheraea Mesankooria*, *Wardle* est une variété de cette espèce.

Collection du Laboratoire.

13. **Antheraea Perrotteti**, Guérin-Méneville *(Saturnia P.) Magasin de Zoologie*, pl. 123, 1843.

Envergure, mâle 13 centimètres.

Patrie, Pondichéry.

Quoique cette espèce soit considérée par M. Hampson comme une forme spéciale de l'*Antheraea Assamensis*, nous croyons, à en juger par la figure donnée par Guérin Meneville, que c'est une espèce distincte intermédiaire entre cette dernière et *Antheraea Semperi;* la rayure interne brisée et interrompue présente ses deux portions plus éloignées de la base que dans *Assamensis;* les deux lignes de la rayure externe sont moins rapprochées l'une de l'autre et elles sont en festons au lieu d'être rectilignes; la zone externe est de la même couleur que celle du fond. N'ayant pas vu cette espèce, nous en donnons la description d'après Guerin Méneville :

« Cette belle espèce est voisine de *Saturnia Paphia* des auteurs *(Antheraea Mylitta*, Drury *nec* Linné), et *Assamensis*, de Helfer; mais elle se distingue de la première par sa couleur jaune uniforme, par les lignes dentées et rougeâtres de ses ailes et par leurs yeux plus petits, sans aucune trace de l'espace transparent qui caractérise le *Paphia;* diffère de la seconde par la couleur et surtout par la bande brune

[1] Natalis Rondot, *l'Art de la soie*, t. II, p. 166, 1887.

ondulée et bordée de blanc de chaque côté qui traverse ses quatre ailes près du bord. Ce papillon est d'un beau jaune vif uniforme sur le corps et sur les quatre ailes. Le bord antérieur du corselet et la côte des ailes supérieures jusqu'au milieu de leur longueur seulement sont d'un gris un peu rosé, un peu plus foncé en arrière. Les ailes supérieures ont, près de la base, une faible ligne rougeâtre et arquée, près du bord externe deux lignes rougeâtres et dentelées, partant du sommet, ne suivant pas tout à fait parallèlement le bord externe et s'en éloignant plus à mesure qu'elles arrivent vers le bord inférieur; il y a, de plus, une petite ligne de la même couleur tout près du bord externe, dont la frange est aussi rougeâtre. On voit au milieu de l'aile et plus près de la côte un œil assez petit d'une couleur rougeâtre assez vive, bordé de noir extérieurement, offrant près de son bord interne une petite ligne arquée blanche et au milieu un petit trait jaunâtre et transverse. Les ailes inférieures sont de forme triangulaire avec l'angle anal assez avancé en arrière; la bande de la base est à peine visible; les deux bandes dentelées et postérieures sont parallèles au bord, n'atteignant pas la côte; et la frange seule est rousse comme aux supérieures; l'œil de ces ailes est semblable à celui des autres ailes, mais le trait jaunâtre du milieu est à peine visible.

Le dessous est presque semblable au dessus, mais les yeux sont d'une couleur moins vive et leur bordure externe n'est pas noire, mais d'un brun pâle. L'espace compris entre les deux lignes externes et dentelées offre des teintes d'un gris rose pâle; il y a une tache noirâtre au sommet des premières, d'un gris rougeâtre près du sommet des secondes; le bord externe des quatre ailes est d'un jaune plus foncé avec la frange brune précédée d'une petite ligne de la même couleur laissant entre les deux un petit filet jaunâtre.

Les antennes du seul mâle que nous possédions sont jaunes, bipectinées et très larges. Les pattes sont assez longues, velues et semblent aplaties et dilatées de chaque côté par les faisceaux de poils qui les garnissent.

Cette espèce a été trouvée à Pondichéry par M. Perrotet. Le cocon de ce lépidoptère est ovale et rugueux, comme celui du *Bombyx mori*, d'un jaune tirant au fauve et formé d'une soie très forte. La larve vit sur le *Zyzygium jambolanum*. »

SATURNIENS

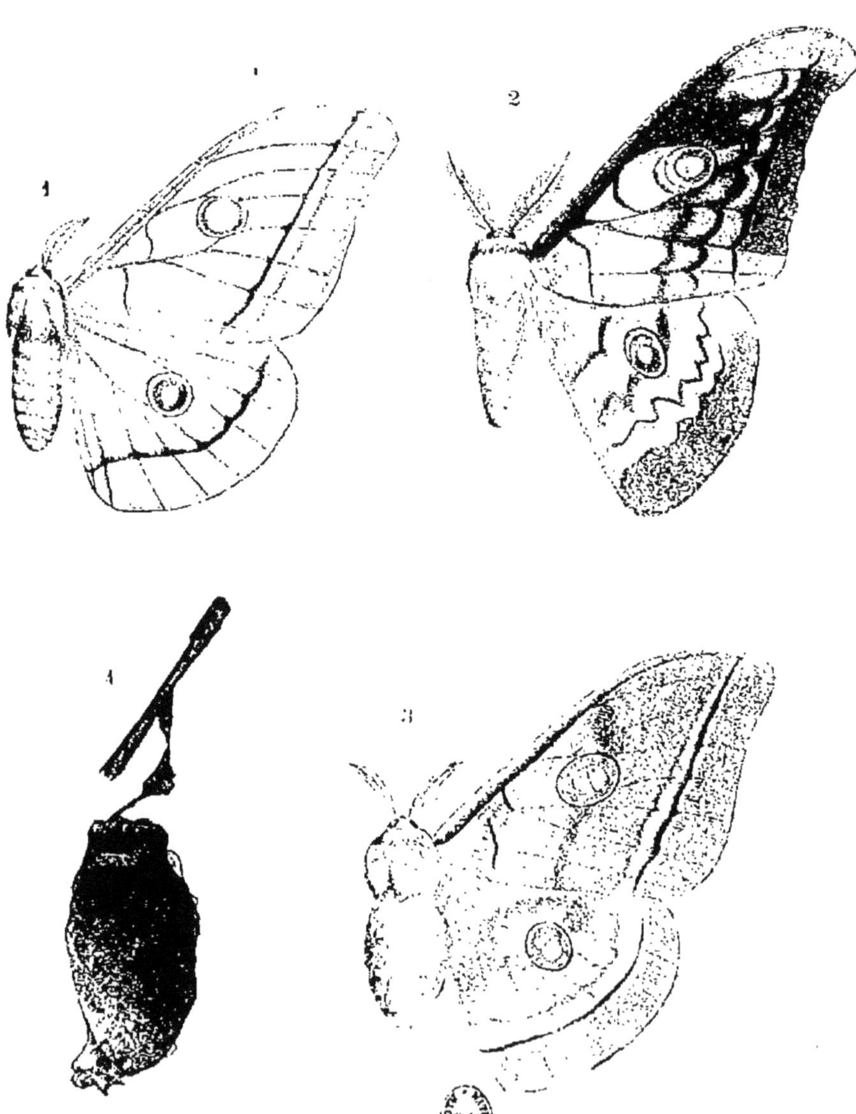

Fig. 1. *Antheraea Semperi*, Felder (femelle).

14. **Antheraea Semperi**, Felder, *Wien. Ent. Mon.*, v. p. 305, 1861.

Envergure, mâle 12 centimètres ; femelle 15 centimètres.

Patrie, îles Philippines.

Mâle. Ailes antérieures longues et bien falquées, rayure externe d'un brun rouge, étroite, non ondulée ; entre cette rayure et l'ocelle se remarquent deux lignes nébuleuses brunes, peu visibles, ondulées ; la rayure interne a sa portion brisée supérieure rectiligne. La couleur générale est le jaune brun rosé, plus rougeâtre sur les ailes supérieures que sur les inférieures ; la zone externe est chargée du côté de la rayure de squamules d'un gris plombé légèrement bleuâtre. L'œil hyalin est petit, lenticulaire sur les deux ailes.

Femelle. Ressemble à celle de *Frithi*, dont cette espèce pourrait bien n'être qu'une race locale. En considérant les trois espèces : *Semperi*, *Frithi* et *Larissa*, on peut dire que *Semperi* est un *Frithi* dans lequel les lignes ornementales seraient affaiblies, tandis que *Larissa* serait la même espèce, mais où, au contraire, les lignes d'ornementation seraient en excès d'intensité.

Muséum de Londres.

15. **Antheraea Frithi**, Moore, *Proc. Zoöl. Soc. London*, p. 256, pl. 65, fig. 1, 1859.

Envergure, mâle 13 cm. 1/2 à 15 centimètres ; femelle 15 centimètres.

Patrie, Indes Orientales (Sikim, Darjiling, Bhutan).

Mâle. De couleur jaune d'ocre, collier antérieur et les deux premiers tiers de la côte antérieure de l'aile de couleur brune parsemée de poils blancs, cette couleur brune se prolonge sur la nervure sous-costale jusqu'au point de réunion des nervures 5 et 6 et sur la nervure médiane jusqu'à la base de la nervure 2 ; rayure interne brisée, les deux brisures éloignées l'une de l'autre, la supérieure arquée brune, l'inférieure arquée, mais dans un sens opposé, de couleur brun rouge extérieurement et blanchâtre intérieurement ; rayure externe très rapprochée de la marge formée de deux lignes contiguës, l'interne brune à ses deux extrémités, plus foncée dans son milieu, légèrement festonnée entre les nervures, l'externe très étroite, d'un blanc terne finissant vers la côte dans un empâtement triangulaire de squamules mélangées brunes et blanc rosé. Sur le milieu de la zone médiane et à sa partie supérieure se remarque une large bande de couleur ocre rouge foncé qui descend en diminuant de largeur sur le bord inférieur de l'aile, mais qui est interrompue par la tache; au-dessous de cette dernière, la bande est ondulée.

Entre cette bande médiane et la rayure externe existe une ligne fortement festonnée entre chaque nervure, de coloration brun noirâtre et qui n'atteint pas le bord antérieur de l'aile. La tache se compose d'un ovale hyalin traversé par la nervule, enveloppé d'un anneau d'un jaune ocreux devenant rougeâtre à son côté interne; cet anneau entouré d'un cercle étroit noir dans sa moitié externe et dans sa moitié interne rouge, cette dernière moitié chargée d'un arc de squamules blanches. Les ailes inférieures ont la même coloration, les taches ocellées sont plus petites, la ligne médiane de couleur ocre rouge foncé est d'égale largeur dans tout son parcours; au delà de la tache se trouvent deux lignes parallèles d'un brun ocreux, fortement dentelées et parallèles à la marge. Les ailes antérieures sont un peu pointues, fortement falquées, les inférieures longues, un peu anguleuses.

La femelle est variable de couleur depuis le gris jaune brunâtre jusqu'au jaune de chrome vif, la bande nébuleuse médiane est visiblement ondulée au-dessous de l'ocelle; la rayure externe est d'un brun rouge plus vif que chez le mâle et plus fortement blanche à son côté externe, mais il n'existe pas, comme chez ce dernier, de ligne ondulée brune entre la rayure externe et l'ocelle.

Le cocon est très beau, en ovoïde régulier, très ferme, de couleur fauve clair, accompagné d'un pédoncule soyeux plat qui le relie aux pédoncules des feuilles et à la tige qui le supporte.

La femelle de cette espèce peut, à première vue, se confondre avec la femelle des espèces suivantes; *Helferi*, *Pernyi*, *Roylei* et *Mylitta;* on trouvera à la description de *Mylitta* les caractères différentiels de ce sexe dans ces diverses espèces.

Collection du Laboratoire.

16. **Antheraea Larissa,** Westwood *(Saturnia L.)*, *Cab. or. Ent.*, p. 49, pl. 24, fig. 1, 1848.

Envergure, mâle et femelle 19 centimètres.

Patrie, Java.

Grande et large espèce, ressemble à l'espèce précédente dont elle paraît être une amplification et dans laquelle les rayures brunes et les taches auraient envahi le fond jaune des ailes.

SATURNIENS

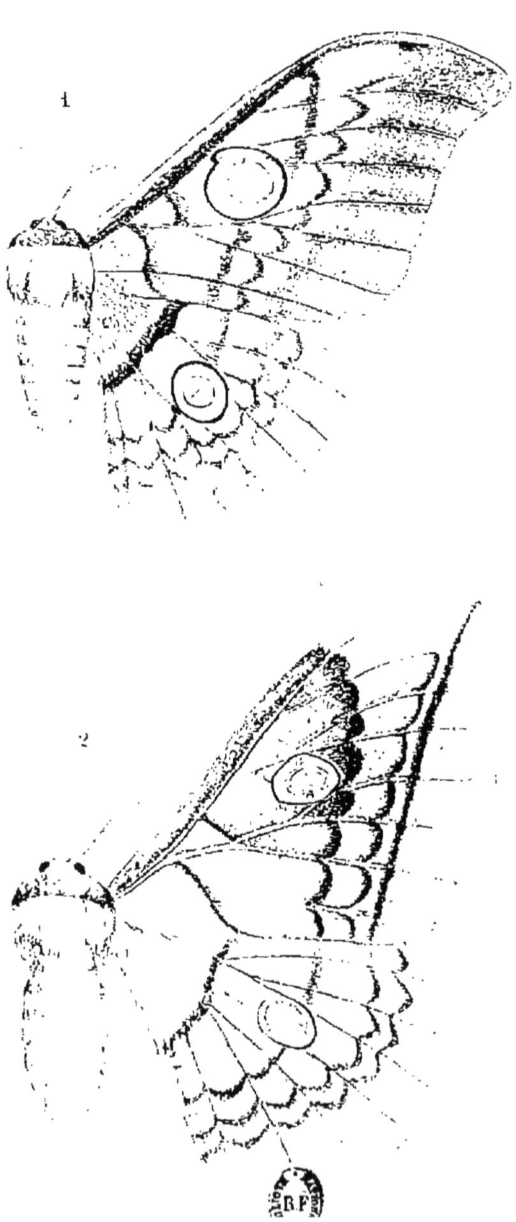

SATURNIENS

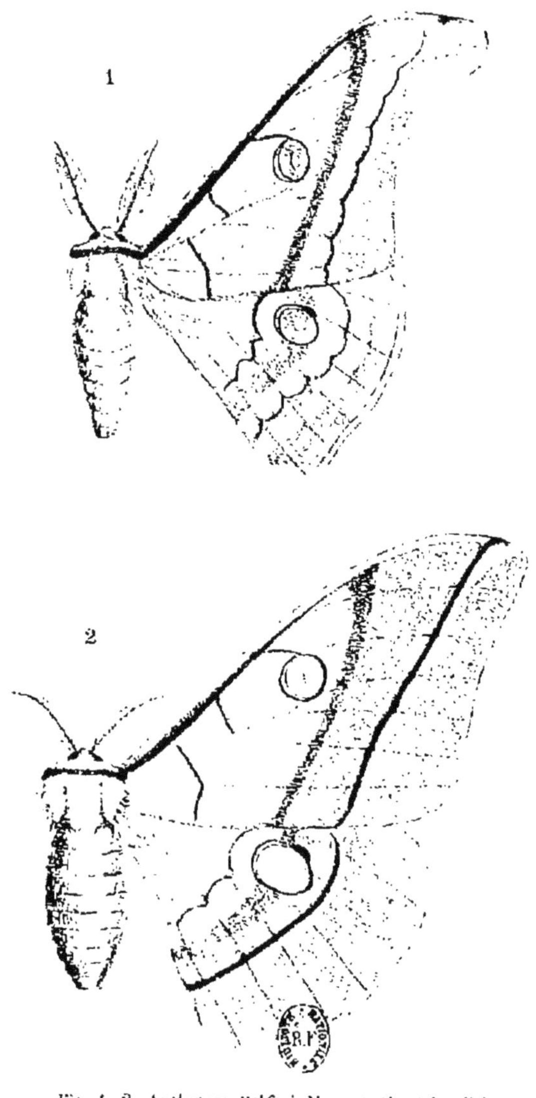

[illegible]

Mâle. Ailes très falquées, rayure externe brune limitée du côté externe par des squamules d'un gris de plomb rosé qui s'étendent aussi faiblement sur les nervures ; au-dessus de la rayure et contiguë à la côte se trouve une tache noire suivie d'une traînée de squamules blanches allant se fondre vers la marge dans un espace rose presque rouge ; la marge lisérée d'une ligne brun gris frangée de jaune orangé ; la partie antérieure de l'aile est d'un orangé brun rougeâtre. La tache est entourée d'un anneau brun gris, devenant insensiblement rouge vers son côté interne, elle est réunie à la côte par un trait de squamules brunes. La côte antérieure brune est chargée de poils blancs, surtout dans ses deux premiers tiers. Zone interne d'un jaune rouge dans sa plus grande partie, mais elle devient insensiblement d'un jaune pur contre la rayure interne.

La femelle a des taches vitrées très grandes, surtout sur les ailes supérieures avec son anneau noir externe présentant un renflement faisant saillie anguleuse du côté supérieur. Les rayures brunes en festons sont apparentes sur toutes les ailes ; sur les ailes inférieures, la zone externe est saupoudrée de blanc dans le voisinage de la rayure externe.

Cette espèce est rare, collections de *Natural History Museum* et de M. le Dr Staudinger.

17. **Antheraea Helferi**, Moore, *Cat. Lep. M. E. I. House* 11, p. 397, n° 918, 1859.

Proceed. Zool. Soc. London, 1859, p. 257, pl. 64, fig. 2.

Envergure, mâle et femelle 15 centimètres.

Patrie, Indes Orientales, Darjiling, Sikhim.

Mâle. Antennes complètement fauves. Couleur jaune ferrugineux teinté de rose à la base des ailes surtout ; rayure interne d'un rose vineux sombre, brisée, interrompue, la brisure supérieure courte, rectiligne, un peu oblique, l'inférieure convexe ; rayure externe de la même couleur et formée d'une ligne festonnée entre chaque nervure, lisérée extérieurement de poils rosés ; elle se termine vers la côte, dans une tache triangulaire de couleur brun vineux mélangé de poils blancs. Une bande nébuleuse d'un fauve sombre traverse l'aile entre la tache ocellée et la rayure externe. Côte antérieure de l'aile d'un gris jaunâtre plus sombre à son bord interne, le thorax est bordé antérieurement d'un collier de même couleur. Tache vitrée lenticulaire très mince, au centre d'un cercle jaune foncé, ce cercle limité à son côté externe par une ligne fine brune et à son côté interne par deux arcs, l'un rouge, l'autre blanc; la tache est reliée à la côte par un trait d'un brun sombre. Ailes très falquées, mais à pointe large et brusquement arrondie. Les ailes inférieures présentent leur rayure externe formée de deux lignes festonnées parallèles, mais la ligne interne se redresse vers le bord antérieur pour contourner la tache ocellée et revenir après deux ondulations rejoindre le bord anal. La tache sur ces ailes présente sur son contour supérieur un épaississement de l'anneau brun formant une saillie en forme de demi-cercle. Corps jaunâtre ferrugineux clair. Les ailes sont en dessous d'un jaune plus riche et plus foncé, les inférieures présentent surtout à leur base une teinte rougeâtre vineux très accentuée.

La femelle est de couleur jaune ferrugineux clair avec rayure externe droite, d'un brun rougeâtre, liserée de rose extérieurement sur l'aile supérieure ; sur l'inférieure, cette rayure est de même couleur sensiblement parallèle à la marge et très rapprochée de la tache ocellée. Sur l'aile supérieure, la tache est reliée à la côte par une raie de coloration brune, et sur l'aile inférieure la tache présente en haut de son pourtour un empâtement allongé noir et un autre plus petit sur le côté opposé.

Le dessous est chargé de squamules blanc rosé, les taches sont plus petites et cerclées de blanc ; près de la marge, sur les deux ailes, on remarque des taches triangulaires brunes saupoudrées de blanc sur leur pourtour, entre chaque nervure.

Semblable à celui du *Pernyi*, comme dimension, tissure et couleur, le cocon produit une soie fort belle et facile à filer, mais la grande rareté de cet insecte le rend nul au point de vue industriel.

Collection du Laboratoire.

18. **Antherae Pernyi**, GUERIN-MENEVILLE *(Saturnia P.)*, *Revue Zool.*, 1855, pl. 6. p. 297.

Envergure, mâle 13 centimètres; femelle 15 centimètres.

Patrie, Chine septentrionale, Mandchourie.

Caractères communs aux deux sexes : antennes fauves avec la ligne de séparation des articles noire. De couleur générale fauve rougeâtre, côte des ailes antérieures et collier antérieur du thorax de couleur

SATURNIENS

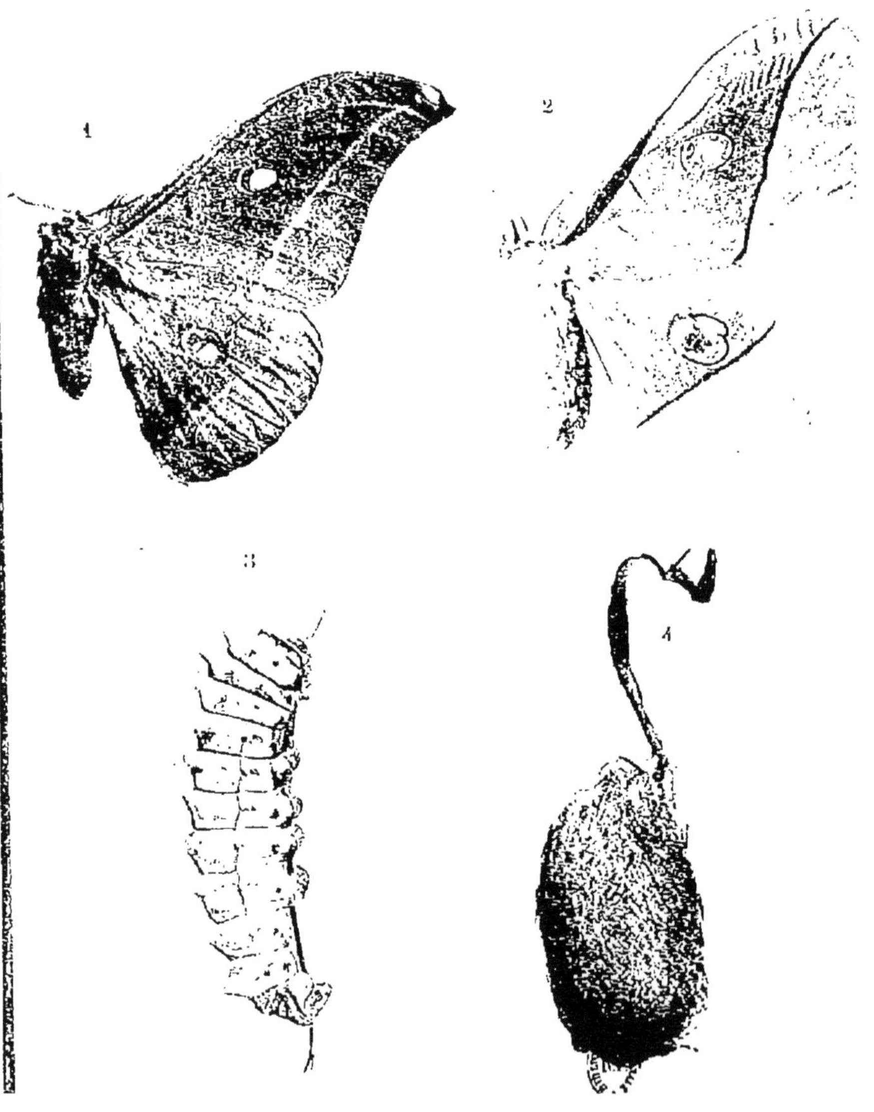

brune parsemés de poils blancs ; à partir de sa première moitié, la côte devient de la couleur des ailes. Rayure interne brisée, rougeâtre, presque indistincte dans sa partie inférieure; externe formée d'une ligne d'un brun noirâtre bordée de squamules blanches le long de son côté externe.

La couleur fauve devient plus vive en s'éloignant de la base des ailes jusqu'à la rayure externe où elle atteint toute son intensité. Taches hyalines des ailes ovales, larges, traversées par la nervule intercostale entourées : 1° D'un anneau jaune brun, 2° d'un cercle dont la moitié interne est blanche et la moitié externe jaune, 3° d'un autre cercle à moitié interne d'un rose vineux et à moitié externe plus mince, noire. Chez certains spécimens on remarque sur la portion supérieure de la tache des ailes inférieures une saillie semi-circulaire, formée par un épaississement de la ligne noire extérieure ; elle se remarque surtout chez les femelles.

Une bande transverse d'une couleur plus foncée que celle des ailes, mais parfois peu visible, traverse les ailes dans leur milieu en passant par la tache; cette bande est toujours très visible en dessous. Zone externe d'un fauve terne. Pattes de la couleur du corps.

Les deux sexes présentent la même coloration, mais le mâle a les ailes assez pointues, très falquées ; chez la femelle, elles sont à apex anguleux et à marge non cintrée.

Cette espèce varie peu de coloration ; certains spécimens néanmoins sont de coloration plus brune avec la portion antérieure des ailes orangée ; on remarque aussi chez certains mâles des squamules d'un jaune de chrome vif disséminées le long de la côte antérieure, surtout près de la base; chez ces spécimens de couleur plus vive, la frange de la marge est franchement jaune. Enfin, chez quelques individus, on remarque entre la tache et la rayure externe une ligne plus brune, plus ou moins festonnée, rappelant celle qui se remarque chez *Antheraea Frithi.*

Les Pernyiens sauvages envoyés au Laboratoire par la Mission lyonnaise en Chine et provenant de la province de Hou-nan sont tous de taille plus petite que la moyenne, mais la coloration et l'ornementation sont normales.

Cette espèce, connue sous le nom de Tusser de la Chine, est l'objet d'éducations de plusieurs sortes : tantôt dans l'intérieur des maisons, tantôt en plein air; on la trouve aussi abondamment à l'état sauvage; elle se nourrit en Chine sur diverses espèces de chênes, les chênes les plus généralement recherchés pour les éducations sont : *Quercus Mongolica*, *Q. dentata*, *Q. Bungeana* et *Q. serrata*.

La plupart des cocons reçus au Laboratoire présentent sur leur surface l'impression des feuilles dans lesquelles il ont été tissés; ces impressions ressemblent exactement à la surface des feuilles du *Q. castaneifolia ;* il se pourrait donc que ce chêne, quoique n'étant pas cité dans la nomenclature précédente, ni même dans la Flore chinoise, qui est à vrai dire peu connue encore, soit indigène ou acclimaté en Chine.

D'après M. Natalis Rondot, on peut nourrir cette espèce sur le *Cudrania triloba* et, dans ce cas, il paraît que la soie est de meilleure qualité. Les cocons sont de forme ovoïde, enveloppés dans les feuilles où les larves ont vécu ; un pédoncule plat les relie à la tige; ils mesurent environ 4 centimètres sur 2, de couleur fauve plus ou moins claire ; ils se dévident bien et donnent une moyenne de 500 mètres de soie, dont l'élasticité moyenne est de 55 millimètres et la ténacité presque le double de celle du ver du mûrier.

Cette espèce est bivoltine en Chine.

Plusieurs tentatives d'éducation ont été faites en France, mais les brusques variations de température que nous subissons aux époques de l'éclosion normale des graines, c'est-à-dire en avril et mai, rendent les résultats incertains.

Dans le sud de l'Espagne, divers éducateurs sont parvenus à élever ce ver d'une façon régulière et les résultats sont des plus satisfaisants. Dans nos contrées, les œufs éclosent vers le commencement de mai ; or, comme à cette époque les bourgeons de chêne ne sont pas toujours entr'ouverts, il est utile de tenir les œufs dans un endroit frais et sec et à l'abri des rayons solaires ; à partir du 15, on peut les mettre à une température douce et légèrement humide ; de cette façon, on ne sera pas exposé à avoir une éclosion avant d'avoir la nourriture nécessaire à l'alimentation des vers.

Les petits vers, en naissant, ont la tête d'un brun rougeâtre, le corps noir, orné de six rangs longitudinaux de tubercules surmontés chacun de cinq ou six poils blancs assez longs ; ils mesurent 1 centimètre de longueur lors de la première mue. Cette première mue effectuée, le ver devient d'un beau vert clair, les six rangs de tubercules subsistent, mais les quatre rangées supérieures sont de couleur orangée et les deux rangées latérales inférieures sont de couleur bleu pâle, tous les tubercules sont surmontés de cinq ou six poils noirs, renflés à leur extrémité, ces derniers plus longs sur les anneaux rapprochés de la tête que sur les anneaux postérieurs; la tête est d'un brun livide et les pattes sont de couleur fauve; les vers atteignent 2 centimètres à 2 cm. 1/2 à la mue suivante. Après cette deuxième mue, la couleur verte devient un peu plus claire, les quatre rangées supérieures de tubercules restent de couleur orangée, mais diminuent d'intensité et la base de ces derniers devient d'un doré métallique sur les six premiers segments; une bande d'un jaune fauve, latérale et longitudinale, réunit les tubercules orangés depuis le troisième segment jusqu'au segment anal; là elle s'élargit en un empâtement de couleur brun vineux, la tête est de couleur brune parsemée de points noirs. Après la mue suivante, toutes les rangées de tubercules deviennent d'un lilas pâle et diminuent de grosseur; seuls, ceux des segments 3 et 4 des deux rangées supérieures, et ceux des segments 3, 4 et 5 de la rangée médiane sont de couleur métallique doré; sur tout le corps, on remarque des poils courts terminés en massue, de couleur blanchâtre, disséminés irrégulièrement; les stigmates sont bruns, à diamètre et à circonférence jaune clair; la tête est d'un brun fauve parsemé de taches noires au centre desquelles s'élève un poil roide; les pattes écailleuses de couleur fauve, les membraneuses de la couleur verte du corps. Enfin arrivée à son dernier âge, les points dorés deviennent argentés et sont un peu plus gros, le reste du corps ne change pas.

Cette chenille est très robuste et s'élève facilement sur tous les chênes, sauf sur le *Q. sessiliflora* dont les jeunes larves refusent impitoyablement les feuilles trop velues et trop dures; on peut aussi l'élever, nous assure-t-on, sur le châtaignier, le hêtre, la charmille et l'aubépine; les éducations peuvent se faire en France, soit en plein air, soit dans les appartements.

En plein air, il est indispensable d'entourer les branches sur lesquelles sont placés les jeunes vers d'un manchon de gaze légère afin de préserver ceux-ci des oiseaux insectivores et des insectes carnassiers[1] et aussi pour qu'ils ne se dispersent pas trop sur l'arbre. A mesure que les chenilles grossissent et un peu avant que les feuilles ne soient complètement dévorées, il faut déplacer les chenilles pour qu'elles ne manquent pas de nourriture, car un jeûne quelconque entraînerait leur perte. Si la température est convenable et s'il n'arrive pas de brusques changements, ce mode d'éducation est toujours certain. Dans notre région du centre, où

[1] En 1888, M. le comte de Danne a essayé, dans sa propriété, de faire en grand et en plein air l'éducation de cette espèce, mais la plupart des vers ont été dévorés par les Calosomes sycophantes attirés par cette proie facile. On sait que cet insecte est le grand destructeur des chenilles processionnaires du pin.

la température est très variable, nous conseillerons plutôt les éducations dans les appartements; dans ce dernier cas, il suffit de placer des rameaux de chêne dans des bouteilles pleines d'eau; on tamponnera le goulot avec du papier mou afin d'empêcher aux vers de descendre et de se noyer.

Dans le premier âge surtout les vers tombent facilement des feuilles; il faut avoir soin de visiter souvent les tables sur lesquelles sont placées les bouteilles et recueillir les vers qui seraient trouvés errants. Cette dernière opération doit se faire avec beaucoup de ménagements; il ne faut prendre les vers ni avec les doigts, ni avec des pinces même très souples : nous conseillons de déchirer des petits morceaux de papier mou que l'on présente aux vers; ceux-ci ne tardent pas à s'y accrocher et une fois saisis on les dépose avec le papier sur les feuilles d'où ils sont tombés, de cette façon on ne s'expose pas à léser en aucune façon les téguments si fragiles de ces larves.

Le plus grand inconvénient de ces éducations dans les appartements est la poussière qui, en tombant sur ces insectes et retenue par leurs poils, finit par boucher les pores de leur peau; il faut donc éviter ce désagrément dans la mesure du possible : bien aérer tout en maintenant une température régulière,

La durée moyenne de ces éducations est de 40 à 50 jours environ; les œufs éclosent 2, 3 et quelquefois 4 semaines après la ponte.

L'accouplement est parfois difficile dans les éducations d'appartement; il suffit pour réussir de placer les cages à éclosion en plein air ou mieux encore de les suspendre aux branches des arbres en évitant que le soleil ne les frappe directement. Cette opération peut s'appliquer à toutes les espèces non acclimatées.

Pour de plus amples renseignements concernant les propriétés de la soie, la nature de la bave et les procédés de filature employés pour les cocons de cette espèce, nous renvoyons au deuxième et troisième volume des *Annales du Laboratoire d'études de la soie*, années 1885 et 1886.

19. **Antheraea Roylei,** MOORE, *Cat. Lep. H. E. I. House*, p. 397, n° 919, 1859.

Proceed. Zool. Soc. Lond., 1859, p. 256, pl. 64, fig. 1.

Antheraea Confuci, Moore, *Proc. Zool. Soc. Lond.*, 1874, p. 578.

SATURNIENS

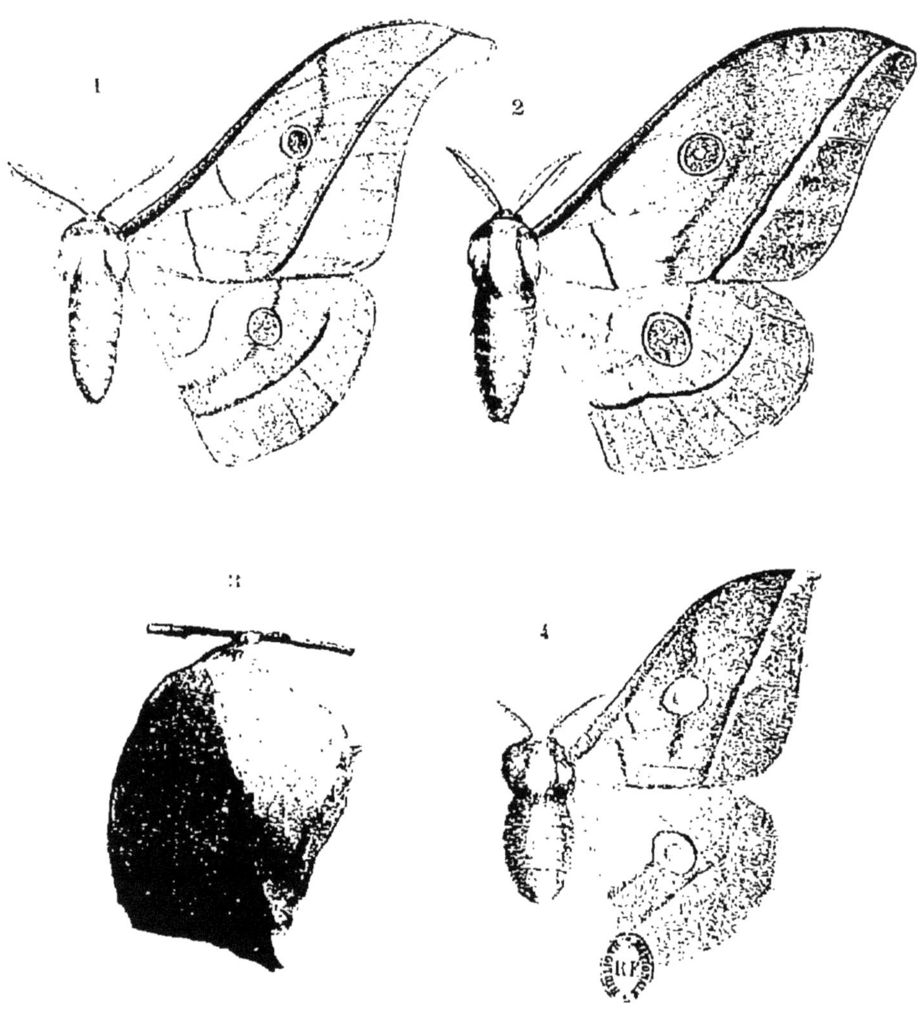

Fig. 1, 2, 3. *Antheraea Roylei*, Moore (mâle, femelle et cocon).

Envergure, mâle 13 à 15 centimètres ; femelle 16 centimètres.

Patrie, Indes Orientales (Darjiling, Mussorie, Sikim, Khasi Hills).

Mâle. Antennes fauves avec la ligne de séparation des articles noire ; tête, thorax et abdomen brun olivâtre pâle, collier en avant du thorax et moitié basale de la côte des ailes antérieures d'un brun rosé poudré de gris ; rayure interne brisée, rougeâtre, bordée de blanc à son côté interne ; rayure externe presque droite, rouge bordée de blanc terne extérieurement. Une bande nébuleuse et sinueuse d'un ton plus foncé que celui des ailes traverse la zone médiane en étant tangente au côté extérieur de la tache ocellée. Tache vitrée réduite à un petit point circonscrit dans un cercle jaune verdâtre avec un arc blanc et un arc rose à son côté interne, un arc jaune et un noir au côté externe ; frange de la marge jaune.

Ailes postérieures semblables de coloration, mais la ligne transverse nébuleuse est interrompue par la tache ocellée au lieu de lui être tangente.

La femelle présente les mêmes caractères d'ornementation, mais elle est généralement de couleur plus ocreuse jaune. Le mâle a les ailes un peu pointues, très falquées, la femelle a ces ailes à apex anguleux et la marge non falquée.

La larve, dans son dernier état, a la tête d'un brun rosé avec quelques points sombres, le corps d'un vert pomme brillant ; une bande latérale jaune existe du quatrième segment jusqu'au sommet anal.

Sur les segments se remarquent des tubercules argentés et des points bleus ; elle se nourrit sur le bouleau, mais surtout sur le chêne. Le cocon est de même forme et de même grandeur que celui de l'espèce précédente. Il est facile d'obtenir des hybrides de cette espèce avec le *Pernyi*.

L'*Antheraea Confuci*, Moore, est une aberration de cette espèce, de couleur franchement olivâtre.

Collection du Laboratoire.

20. **Antheraea Andamana**, Moore, *Proceed. Zool. Soc. Lond.*, 1877, p. 602.

Envergure, femelle 18 cm. 1/2.

Patrie, île des Andamans.

Le mâle ne nous est pas connu, nous donnons la description et la figure d'après le spécimen femelle du *Natural History Museum* de Londres.

Couleur générale, fauve brun plus clair vers l'apex et sur la zone externe.

Les ailes antérieures ont la bande médiane transverse très accentuée et festonnée entre chaque nervure; elle est tangente extérieurement à la tache ocellée; la rayure externe, d'un brun sombre, est presque rectiligne; elle est très affaiblie entre les nervures 7 et 8 ; entre cette rayure et la bande médiane se remarque une ligne sombre très ondulée parallèle à la rayure. La tache a le centre hyalin assez grand, au milieu d'un cercle jaune brun, liséré d'une ligne noire sur le côté interne, rougeâtre sur le côté externe. Les ailes inférieures ont deux lignes ondulées au delà de la tache ocellée, parallèle à la marge et une ligne médiane peu ondulée interrompue par cette dernière; celle-ci a le centre hyalin plus petit, et le demi-cercle rose interne est accompagné d'un arc de squamules blanches.

Le cocon de cette espèce est enveloppé dans une bourre très épaisse et tissé dans les feuilles de l'arbre nourricier.

21. **Antheraea Knyvetti**, HAMPSON, *The fauna of British India*, vol. 1, p. 19, 1892.

Envergure, 15 cm. 1/2

Patrie, Indes Orientales (Sikhim).

De couleur olive, jaune ou rougeâtre comme dans *Mylitta*, la côte des ailes antérieures est, dans ses deux premiers tiers seulement, de couleur différente. La tache petite, chaque point hyalin généralement avec une sombre lunule sur le côté interne de sa bordure; la marge frangée de jaune; la rayure externe sur les ailes postérieures est beaucoup plus éloignée de la marge que dans *Roylei*. Diffère de cette dernière espèce par sa couleur, jaune rougeâtre et par le dernier caractère cité.

La larve se nourrit, d'après M. Hampson, auquel nous empruntons cette description, sur le cerisier sauvage et le bouleau.

Le cocon est petit, rude, sombre et pédonculé.

Collection Knyvett et Elwes.

Cette espèce nous est inconnue.

22. **Antheraea delegata**, SWINHOE, *Ann. Mag. of. Nat. History*, vol. XII, série 6, p. 210.

Envergure, mâle 17 centimètres; femelle 18 cm. 1/2.

Patrie, Singapour.

Mâle et femelle. De couleur rouge ocreux, brillant, antennes rouge pâle, devant du thorax et bande costale des ailes antérieures de couleur gris acier sombre; cette bande, dans le mâle, non étendue vers l'apex, tache étroite dans le mâle, large et ronde dans la femelle, annelée de brun interligné de jaune pâle, le tout entouré d'une ligne noire qui remonte du côté interne de l'anneau jusque vers la côte chez le mâle seulement. Deux lignes angulées minces, brunes, formant la rayure externe, l'externe de ces lignes est bordée de gris, la zone externe est d'un rouge ocreux sombre.

L'ornementation des ailes ressemble à celle de *Frithi*, mais dans cette espèce les deux sexes sont colorés de même, tandis que dans *Frithi* ils sont dissemblables; de plus, dans le mâle, le point hyalin est étroit au lieu d'être rond.

Collection de M. C. Swinhoë; nous n'avons pas vu cette espèce.

23. **Antheraea Jana**, Cramer *(Attacus J.)*, *Pap. exot.*, pl. 376, A.

Antheraea Jana, Hübner, *Verz. Bek. Schmett*, p. 152.

Envergure, 11 centimètres.

Patrie, Java (Smarang).

Cramer a figuré sous le nom d'*Attacus Jana*, mâle, une espèce que nous n'avons pu nous procurer ni voir dans aucune collection, elle se distingue de ses congénères par sa petite envergure, par des taches ocellées non transparentes. La couleur est le jaune brunâtre plus clair vers la côte antérieure et vers l'apex; la rayure externe sur l'aile supérieure est étroite et rougeâtre, sur l'inférieure elle est de même couleur légèrement festonnée, entre l'ocelle de cette dernière aile et la rayure se distingue une raie brune en festons.

24. **Antheraea Hartii**, Moore, *Ann. Mag. Nat. Hist.*, p. 450, 1892.

Envergure, mâle et femelle 12 centimètres.

Patrie, Nord de la Chine, Mandchourie.

Mâle. Couleur générale brun ocreux foncé pourpré, légèrement plus clair à la base des ailes; antennes, pattes et corps de la même couleur; les quatre ailes sont frangées de jaune orangé vif et les taches hyalines auréolées sont semblables et égales sur les quatre ailes, toutefois celles des ailes supérieures ont la partie hyaline un peu plus grande; ces taches sont traversées par la nervule et auréolées d'un anneau assez large jaune orangé dans sa moitié externe et brun vineux dans sa moitié interne. Une ligne nébuleuse plus foncée traverse les ailes en partant de la côte jusque sur le bord inférieur en passant par la tache qui l'interrompt.

Rayure interne brisée de couleur brun vineux; externe d'un brun plus foncé.

Femelle. De coloration et d'ornementation tout à fait semblable, sauf que la rayure externe est lisérée extérieurement de poussière d'un rose vineux, ces dernières forment près de la côte antérieure un empâtement triangulaire dont le sommet atteint l'apex de l'aile. Les ailes sont un peu moins échancrées que chez le mâle et les antennes sont bipectinées, mais les dents très inégales : la plus longue très renflée et tronquée à son extrémité, l'autre très courte réduite à une petite saillie pointue.

D'après M. Moore, la larve adulte est longue de 11 centimètres, de coule urverte avec deux rangs dorsaux de touffes de cils courts et divergents et deux rangs latéraux de touffes semblables, mais plus petites; les deux touffes dorsales sur les troisième et quatrième segments sont légèrement élevées et proéminentes, il existe une plus petite touffe sur chacune des pattes antérieures; à la base des touffes antérieures, dorsales et latérales, existe un point doré éclatant. Les pattes, le dessous et le devant de la tête sont légèrement velus, la tête avec des points noirs en avant, stigmates étroits noirâtres.

Cocon d'un blanc ocreux pâle, attaché par un long et léger pédoncule à la tige des plantes et partiellement enveloppé de feuilles. Les indigènes élèvent cette larve, dans une demi-domesticité, sur le chêne et font deux éducations par an.

Collection du Laboratoire.

25. **Antheraea Yama-Maï**, Guerin-Meneville *(Bombyx Y.)*, *Revue de Zool.* (2), p. 435, pl. 11 et 13, 1861.

Saturnia Sergestus, Westwood, *Proc. Zool. Soc. Lond.*, 1881, pl. 13.
Antheraea Hazina, Butl. *Trans. ent. Soc. Lond.*, 1881, p. 13.
— Fentoni — — 1881 —
— Calida — — 1881, p. 14.
— Morosa — — 1881 —

Envergure, mâle 15 centimètres; femelle 16 à 17 centimètres.

SATURNIENS

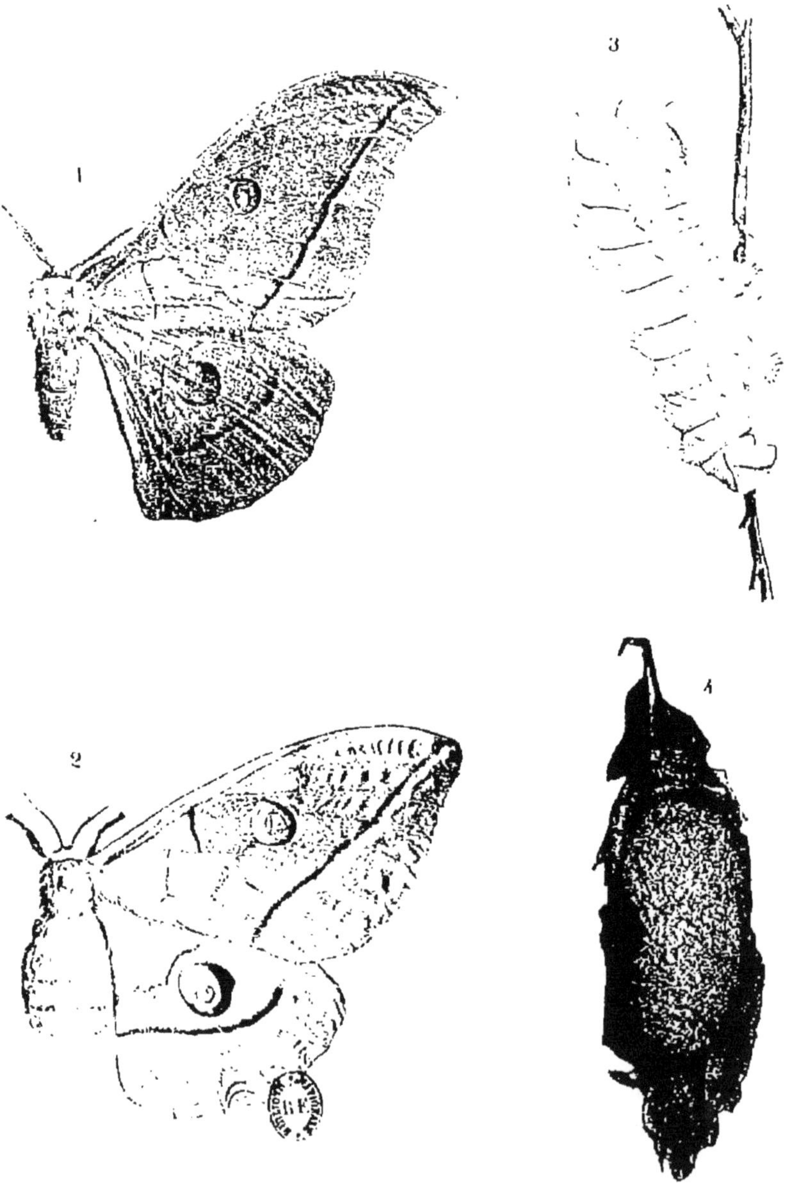

Patrie, Japon.

Mâle. D'un jaune clair parfois pur, d'autres fois rosâtre ou noirâtre, quelquefois encore d'un jaune orangé. Ailes supérieures allongées, pointues, bien falquées, rayure interne brune; externe brune également mais bordée extérieurement de squamules blanchâtres. Côte antérieure brune, parsemée dans ses deux premiers tiers de poils blancs, le dernier tiers est de la couleur des ailes. Taches ocellées petites à point central hyalin finement liséré de jaune puis entouré d'un anneau plus large jaune brun, cet anneau entouré à son tour sur sa moitié externe de jaune clair et sur sa moitié interne de deux arcs contigus, le premier blanc, le second rouge ; le tout est limité extérieurement par un demi-cercle étroit, noir. Sur l'aile inférieure la tache est un peu plus grande et elle est enveloppée sur les deux tiers de son côté externe par un arc noir qui s'élargit sur son côté supérieur en un lobe demi-circulaire de même couleur.

La femelle a les ailes à apex pointu, très légèrement falquées, la tache hyaline de l'aile supérieure un peu plus large que celle de l'aile inférieure et, sur ces dernières ailes, la tache ocellée est entourée sur ses deux tiers externes par un arc noir fortement dilaté à son côté supérieur et faiblement à son autre extrémité.

Dans les deux sexes, une ligne nébuleuse, transverse, plus foncée, traverse les ailes, interrompue par les taches; cette ligne est festonnée au-dessous de ces dernières sur l'aile supérieure; la zone externe présente toujours chez les femelles une teinte vineuse, surtout près du bord inférieur et sur les limites de la rayure externe.

La chenille en naissant a le corps jaune citron, rayé de noir longitudinalement et la tête d'un brun rouge; au deuxième âge le corps devient vert avec des tubercules jaunes; au troisième, il devient d'un vert jaunâtre très vif avec tubercules jaunes surmontés de poils noirs, à cet âge apparaît une rangée de petits points bleus au-dessus des stigmates ; quatrième âge, la tête devient verte légèrement ombrée de marron, il apparaît alors des points argentés étincelants de chaque côté du corps; ces points deviennent plus nombreux et plus gros au cinquième âge, le corps ne se modifie plus, mais la tête est d'un vert bleuâtre, la base des antennes, les palpes maxillaires et le labre sont de la même couleur, les ocelles et les mandibules sont d'un brun rouge foncé.

L'éducation de cette espèce est facile à faire dans les appartements, toutefois cette dernière est moins robuste que sa congénère *Pernyi ;* les jeunes vers se déplacent fréquemment des rameaux sur lesquels on les nourrit; ils demandent par conséquent des soins plus assidus. La durée des éducations est très variable et dépend beaucoup de la température; elle est de 45 à 55 jours; quelques papillons éclosent 40 à 50 jours après la formation du cocon, d'autres hivernent et n'éclosent qu'en mai de l'année suivante.

On élève cette espèce sur le chêne ordinaire, sur le chêne à feuilles de châtaignier; on peut l'élever aussi sur le châtaignier.

Les cocons sont d'un jaune verdâtre, oblongs, réguliers, ils se dévident bien et donnent une soie de couleur vert clair qui, même après le décreusage, conserve encore une teinte verdâtre, mais qui n'a aucune influence sur la teinture, car elle se prête à toutes les couleurs et possède même, une fois teinte, un éclat supérieur à celui de certaines soies du Bombyx du mûrier. Cette soie ne se trouve pas dans le commerce, jusqu'à ce jour elle a été réservée pour l'usage de la cour de Yeddo, l'exportation en est interdite.

Les œufs de cette espèce sont souvent infestés par un petit hyménoptère de la famille des *Chalcidides*, voisin du genre *Eupelmus*. Il a été signalé par Guerin-Meneville qui l'avait obtenu lui-même des œufs de *Yama Maï*, mais il ne l'a pas décrit [1].

La coloration de ce lépidoptère est très variable, nous avons vu dans la même éducation, des spécimens d'un gris presque noir, d'autres d'un rouge brique vif et d'autres, le plus grand nombre, complètement jaunes.

Sous le nom d'*Antheraea Sergestus*, M. Westwood a décrit une espèce du Japon dont il n'a eu que la femelle, mais qui ne peut être qu'une aberration de *Yama Maï*, chez qui la zone externe se trouve être d'une couleur fauve vineux très vive; or, comme dans toutes les éducations on rencontre des femelles ayant cette teinte plus ou moins accentuée, nous ne croyons pas à l'existence d'une espèce spéciale. M. Butler a décrit également quatre espèces que nous croyons également n'être que des races locales de *Yama Maï*, l'auteur même n'est pas éloigné de le croire, ainsi qu'il le dit à la fin de ses diagnoses.

Ce sont les suivantes : *Antheraea Hazina*, Butl. Envergure mâle et femelle 17 cm. 1/2, du Japon. Le mâle de couleur rouille orangé, moins rouge à la base, la femelle d'un brun couleur chair et sans trace de raie submarginale foncée sur les ailes, commun à Yokohama.

Antheraea Fentoni, Butl., allié à *Hazina*, mais de couleur jaune

[1] *Bull. Soc. Ent. France*, 1870, p. XI.

SATURNIENS

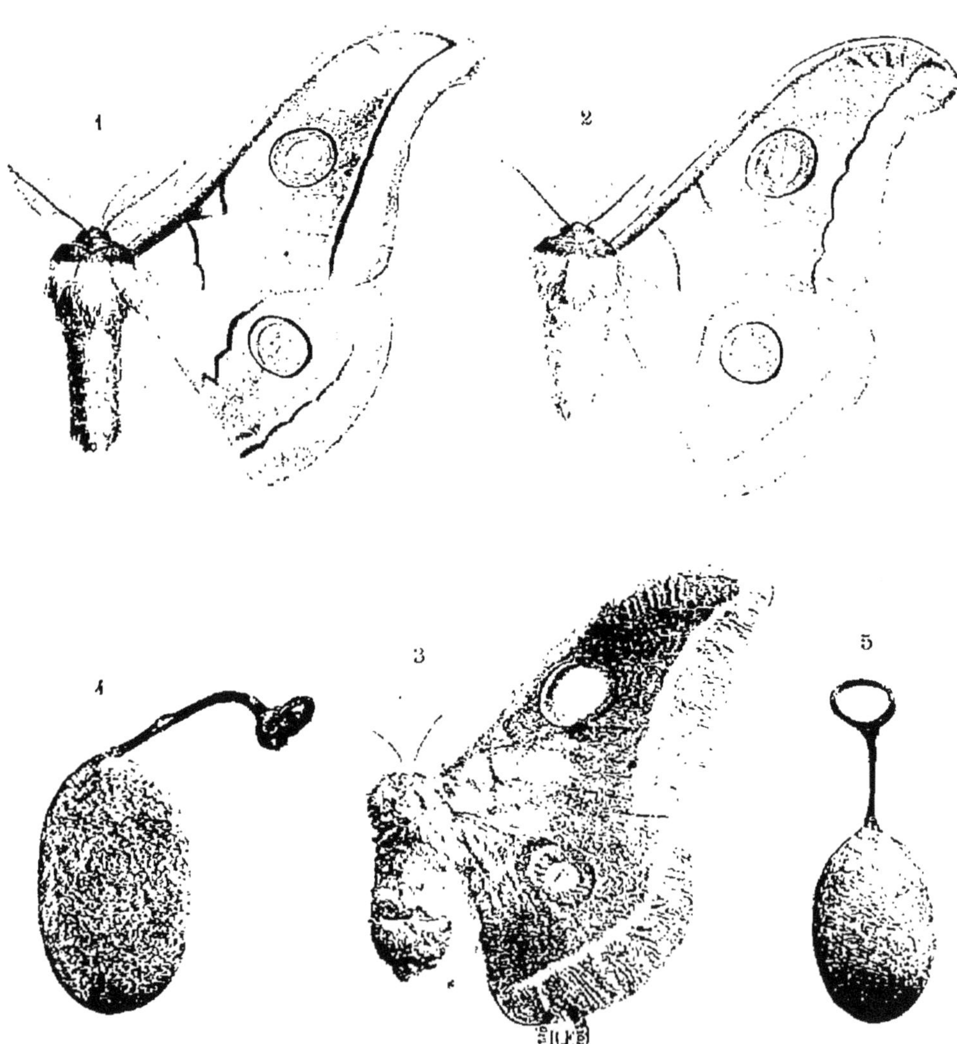

Fig. 1, 2. *Antheraea Mylitta*, Drury, mâles (type normal et variété).
— 3, — — femelle (variété).
— 4, 5 — — cocons.

olivâtre légèrement teinté de rose, dans le mâle surtout, et spécialement sur la zone externe.

Antheraea calida, Butl. Diffère de la précédente par sa riche couleur chocolat rouge, saupoudrée de squamules grisâtres sur les ailes antérieures.

Antheraea morosa, Butl. De couleur brun fuligineux foncé, quelquefois avec une bordure jaune sur les ailes, les rayures sur les ailes sont mal définies. Toutes ces espèces sont du Japon.

Le Laboratoire possède une nombreuse série des variétés de cette espèce.

26. **Antheraea Mylitta**, DRURY *(Attacus M.), Ill. Ex. Ent.*, pl. 5, fig. 1, 1773.

Saturnia Mylitta, Guerin-Men. *Rev. Zool.*, 1855.
Attacus Paphia, Cramer, *Pap. exot.*, pl. 146, A., 147, A,B.. 148, A., 1877.
Antheraea nebulosa, Hutton.
Antheraea syvalica, Hutton.
— **cingalesa**, Moore, *Lep. Ceyl.*, 1883.
— **fraterna** — *Proc. Zool. Soc. Lond.*, 1888.
— **pulchra** —
— **fasciata** —
— **versicolor** —
— **lobifera** —
— **olivescens** —
— **duplexa** —
— **distorta** —
— **ochripicta** —
— **modesta** —

Envergure, mâle 14 à 17 centimètres ; femelle 15 à 19 centimètres.

Patrie, Indes Orientales.

De coloration très variable, on peut dire de cette espèce qu'il n'existe pas deux spécimens se ressemblant exactement. La couleur varie du jaune plus ou moins blanchâtre au jaune rougeâtre et au jaune brun, d'autres fois du brun grisâtre au brun sombre pourpré ou au brun rosé ou fauve brillant. La côte antérieure des ailes est d'un brun gris parsemé de poils blancs et se maintient de cette couleur jusqu'à l'apex, sur les ailes les taches ocellées sont beaucoup plus grandes que dans *A. Pernyi;* la marge des ailes n'est pas frangée de jaune, comme dans cette dernière espèce.

Mâle. Ailes supérieures très falquées à extrémité arrondie non brusquement, comme dans *Helferi.* Les taches ocellées des ailes ont le centre hyalin, large, arrondi, entouré d'une ligne très fine, jaune, puis d'un anneau large, jaune brun souvent liséré de jaune à son côté externe et toujours d'un arc de squamules blanches à son côté interne, ce dernier arc est enveloppé d'un arc rouge brun et la tache entière est lisérée par un anneau noir étroit qui est très accentué et élargi à son côté externe, tandis que du côté interne il est très faible et disparaît même quelquefois, confondu avec l'arc rouge brun. La rayure interne varie autant de coloration que la couleur foncière, mais l'externe est toujours brun ou rouge sombre, tantôt droite, tantôt légèrement affaiblie, nébuleuse et un peu festonnée entre les nervures. Une bande de coloration plus sombre, interrompue dans son milieu par la tache, traverse les ailes. Chez certains spécimens, l'espace compris entre cette bande et la rayure externe, devient plus sombre, mais la portion supérieure de cet espace est toujours de coloration claire. L'extrême variabilité de cette espèce lui a fait donner des noms multiples, d'après la couleur, la taille, la forme des taches, etc.

Ce papillon est commun dans toute l'Inde, de Burma à Bombay, à Ceylan, il a été aussi trouvé en Chine.

Femelle. Varie autant de coloration que le mâle, les ailes antérieures ont leur marge à peine incurvée et l'apex est faiblement arrondi, non anguleux, la tache ocellée des ailes supérieures est beaucoup plus grande, presque le double de celle des ailes inférieures.

Il est assez difficile à première vue de reconnaître les femelles des espèces *A. Frithi, Pernyi, Roylei, Helferi et Mylitta ;* voici les caractères différentiels qui serviront à les séparer.

A. Frithi. Vue en dessous, on distingue trois rayures en festons entre la tache ocellée et la marge, les taches hyalines sont plus petites que dans *Mylitta* et les antennes sont complètement fauves.

A. Pernyi. Le point de contact de tous les articles des antennes est noir, et les rayures en festons, vue en dessous, ne sont pas visibles.

A. Roylei. Les antennes sont comme dans *Pernyi,* il n'y a que la coloration d'un jaune livide qui permette de la séparer de l'espèce précédente.

A. Helferi. Les antennes sont complètement fauves, la tache des ailes supérieures est soudée à la côte par un trait de couleur foncée, sur l'aile inférieure, la tache présente sur son cercle noir un lobe de même couleur à son côté externe ; taches hyalines très petites.

A. Mylitta. Taches vitrées très grandes, antennes complètement fauves.

La larve est verte avec une double rangée de touffes dorsales jaunes, des points latéraux pourpre bordés de blanc sur les cinquième et sixième segments, une ligne latérale jaune commençant au septième segment et finissant dans une bande brune sur le segment anal, stigmates jaunes ; adulte, elle mesure près de 11 centimètres de longueur, sur 2 cm. 1/2 de diamètre, elle se nourrit sur divers arbres dont les principaux sont : *Terminalia tomentosa*, *Shorea robusta*, *Lagerstraemia Indica*, etc. Cette chenille atteint son complet développement dans six semaines et construit son cocon ; celui-ci est fixé à une branche de l'arbre, solidement suspendu par un pédoncule soyeux formant un anneau résistant autour de la branche, le cocon non entouré de feuilles a une forme exactement ovale et il est d'une texture très ferme. La chrysalide devient papillon au bout de neuf mois environ, d'octobre en juillet. L'insecte parfait éclôt pendant la nuit et ne vit pas plus de six à douze jours.

Les femelles déposent généralement leurs œufs, qui sont d'un blanc pur, à peu de distance de leur cocon, c'est alors que les éleveurs les recherchent et les conservent dans leurs maisons jusqu'à ce que les jeunes chenilles éclosent ; ils les placent alors sous les arbres destinés à leur nourriture, le propriétaire n'ayant plus à s'occuper que de les protéger contre les oiseaux et à récolter les cocons une fois faits.

Le Laboratoire a publié dans son IVme Rapport [1], une étude très documentée sur les diverses races de cette espèce, les modes d'éducation, le commerce, l'étouffage des cocons et leur filature qui, sous le nom de tussah de l'Inde, deviennent l'objet d'un commerce des plus actifs.

Cette espèce a reçu différents noms, basés sur des différences souvent très fugitives, nous les considérons comme de simples races qui varient selon les localités.

Antheraea olivescens, Moore. Papillon un peu verdâtre, cocon généralement de grandeur plus petite que la moyenne.

A. nebulosa, Hutton. Les papillons ont la portion comprise entre la tache ocellée et la rayure externe chargée de squamules plus sombres, le cocon est aussi moins ferme et moins lisse.

A. sylvalica, Hutt. Coloration très vive, presque orangée, l'espace

[1] *Laboratoire d'études de la soie de Lyon*, t. IV, 1887-1888, Lyon.

compris entre la tache et la rayure externe marqué par des ondulations et une coloration plus foncée.

A. cingalesa, Moore. Produit un cocon moins ovale, plus cylindrique.

A. fraterna, Moore. Variété dont les marges de toutes les ailes sont teintées de rose, ainsi que la ligne nébuleuse transverse et médiane des ailes.

Antheraea pulchra, Moore. Le fond des ailes est teinté de rose vineux avec marge grisâtre, la femelle a les taches des ailes antérieures avec l'anneau externe noir renflé sur le côté inférieur en un lobe de même couleur.

A. fasciata. Variété plus petite que la précédente d'un jaune plus vif avec marge présentant sa portion contiguë à la rayure externe plus largement chargée de squamules blanches.

A. versicolor, Moore, *A. duplexa*, Moore, *A. distorta*, Moore, *A. lobifera*, M., *A. modesta*, M., *A. ochripicta*, M., sont autant de variétés locales inhérentes à l'extrême variabilité de cette espèce.

Aucun essai d'éducation n'a été tenté en France jusqu'à ce jour, cela est à regretter, car cette espèce est incontestablement le meilleur de tous les producteurs de soie.

INDEX ALPHABÉTIQUE

DES GENRES ET DES ESPÈCES DÉCRITES

GROUPE DES **ATTACIENS**

GROUPE DES **ACTIENS**

GROUPE DES **SATURNIENS** PROPREMENT DITS

Lyon. — Imp. A. REY, 4, rue Gentil. — 19902

www.ingramcontent.com/pod-product-compliance
Ingram Content Group UK Ltd.
Pitfield, Milton Keynes, MK11 3LW, UK
UKHW012041240726
13965UKWH00003B/964